造价小白学啥上手快
——装饰装修工程造价

鸿图造价　组编

杨霖华　赵小云　主编

机械工业出版社

本书针对造价学习枯燥难学这个问题，从造价的基础出发，将造价员应该掌握的知识逐步深化，内容上从基础到主体，层次上由浅入深，做到层次分明，让知识站起来(主要做三维结合)，跟着站起来的知识一起学习造价，形式上改变了传统的老旧模式，内容上也做到与时俱进。

本书共有11章，内容包括：装饰装修工程造价基础知识，装饰装修工程识图，工程量计算的原理，楼地面装饰工程，墙、柱面装饰与隔断、幕墙工程，天棚工程，油漆、涂料、裱糊工程，其他装饰工程，房屋修缮工程，装饰装修工程工程量清单与定额计价，建筑装饰装修工程造价软件的运用。

本书可作为造价新手、"造价小白"的入门指导书，同时可供广大参加造价工程师职业资格考试的应考人员使用，也可以作为大中专院校以及函授相关专业的教学参考书。

图书在版编目(CIP)数据

造价小白学啥上手快. 装饰装修工程造价/杨霖华，赵小云主编.
—北京：机械工业出版社，2020.6
(起步造价员)
ISBN 978-7-111-66663-9

Ⅰ.①造… Ⅱ.①杨… ②赵… Ⅲ.①建筑装饰－工程造价
Ⅳ.①TU723.3

中国版本图书馆 CIP 数据核字(2020)第 183997 号

机械工业出版社(北京市百万庄大街22号　邮政编码100037)
策划编辑：汤　攀　责任编辑：汤　攀　李宣敏
责任校对：刘时光　封面设计：张　静
责任印制：张　博
三河市宏达印刷有限公司印刷
2021 年 5 月第 1 版第 1 次印刷
184mm×260mm·14.75 印张·360 千字
标准书号：ISBN 978-7-111-66663-9
定价：55.00 元

电话服务　　　　　　　网络服务
客服电话：010-88361066　机　工　官　网：www.cmpbook.com
　　　　　010-88379833　机　工　官　博：weibo.com/cmp1952
　　　　　010-68326294　金　书　网：www.golden-book.com
封底无防伪标均为盗版　机工教育服务网：www.cmpedu.com

编写人员名单

组　编

鸿图造价

主　编

杨霖华　赵小云

参　编

何长江　白庆海　张亚楠　吴　帆

杨恒博　杨汉青　张仪超

前言
FOREWORD

工程造价专业是在工程管理专业的基础上发展起来的，每个工程从开工到竣工都要求有预算员全程参与，开工的预算、工程进度拨款及竣工结算的工作都要求预算员进行预算。从工程投资方和工程承包方到工程造价咨询公司都要有自己的造价人员。

信息技术时代知识的呈现形式是多种多样，在工程造价行业也是如此，以往枯燥的知识学习方式现在也逐渐朝着生动化、立体化的方向发展。枯燥的识图，一行列不完的计算数字，密密麻麻的图纸和计算，很容易让人没有足够的耐性进而难以坚持看下去；对于一些处于造价入门水平上的造价人员，想要进一步提升自己，更是感到无从下手。论基本知识——都懂，论专业性——大概懂，论专业实战——稍有逊色，即便是从业多年的造价人员，问一个造价上的问题，他们有时候也是含含糊糊，只知道软件就是这么算出来的，智能化的造价软件把造价人员机械化了。如何根据图纸进行详细的工程量计算，是造价人员的基本功和必须掌握的技能，本书即是针对这个问题展开，进行了详细的阐述。

本书充分考虑了当前装饰装修工程造价行业的实际情况，并以现行国家标准《建设工程工程量清单计价规范》（GB 50500）、《房屋建筑与装饰工程工程量计算规范》（GB 50854）以及《河南省房屋建筑与装饰工程预算定额》（HA 01－31－2016）为依据，在全面理解规范和计算规则的前提下，做到内容上从基本知识入手，图文并茂，层次上由浅入深、循序渐进，实训上注重与实例的结合，整体上主次分明，合理布局，力求把知识点简单化、生动化、形象化。

通过对本书的学习，期望可以检验造价人员对建设工程专业基础知识的掌握情况，提高应用专业技术知识对建设工程进行计量和工程量清单编制的能力，利用计价依据和价格信息对建设工程进行计价的能力，综合运用建设工程造价知识，分析和解决建设工程造价实际问题的职业能力。

本书在编写过程中，得到了许多同行的支持与帮助，在此一并表示感谢。由于编者水平有限和时间紧迫，书中难免有错误和不妥之处，望广大读者批评指正。如有疑问，可发邮件至 zjyjr1503@163.com 或添加 QQ 群 811179070 与编者联系。

CONTENTS 目录

第1章 装饰装修工程造价基础知识

1.1 装饰装修工程概述

1.1.1 装饰装修工程的概念

建筑装饰装修工程，是指在工程技术与建筑艺术综合创作的基础上，对建筑物或构筑物的局部或全部进行修饰、装饰、点缀的一种再创作的艺术活动。

在建筑学中，建筑装饰和装修不易明显区分。通常，建筑装修是指为了满足建筑物使用功能的要求，在主体结构工程外进行的装潢和修饰，如门、窗、阳台、楼梯、栏杆、扶手、隔断等配件的装潢，以及墙、柱、梁、挑檐、雨篷、地面、顶棚等表面的修饰。

建筑装饰主要是为了满足人的视觉要求而对建筑物进行的艺术加工，如在建筑物内外加设的雕塑、绘画以及室内家具、器具等的陈设布置等。所以，装饰和装修在表面上存在一定的差异，但在实质方面没有什么区别，即二者都是为了增加建筑物的耐用、舒适和美观程度而进行的技术与艺术的再创作活动。

1.1.2 装饰装修工程的类别

1. 建筑装饰装修工程类别划分

装饰装修工程的类别根据不同的单位工程，按其施工难易程度，依据建筑市场的实际情况而定。工程类别划分标准是确定工程施工难易程度、计取有关费用的依据；同时也是企业编制投标报价的参考，建筑装饰装修工程类别划分见表 1-1。

表 1-1　建筑装饰装修工程类别划分

工程类型			单位	工程类别划分标准		
				一类	二类	三类
工业建筑	单层	檐口高度	m	≥20	≥16	<20
		跨度	m	≥24	≥18	<18
	多层	檐口高度	m	≥30	≥18	<18
民用建筑	住宅	檐口高度	m	≥62	≥34	<34
		层数	层	≥22	≥12	<12
	公共建筑	檐口高度	m	≥56	≥30	<30
		层数	m	≥18	≥10	<10

（续）

工程类型			单位	工程类别划分标准		
				一类	二类	三类
构筑物	烟囱	混凝土结构高度	m	≥100	≥50	<50
		砖结构高度	m	≥50	≥30	<30
	水塔	高度	m	≥40	≥30	<30
	筒仓	高度	m	≥30	≥20	<20
	储池	容积（单体）	m³	≥2000	≥1000	<1000
	栈桥	高度	m	—	≥30	<30
		跨度	m	—	≥30	<30
大型机械吊装工程		檐口高度	m	≥20	≥16	<16
		跨度	m	≥24	≥18	<18
大型土石方工程		单位工程挖或填土（石）方容量	m³	≥5000		
桩基础工程		预制混凝土（钢板）桩长	m	≥30	≥20	<20
		灌注混凝土桩长	m	≥50	≥30	<30

2. 工程类型

（1）按照装饰装修的部位划分。按装饰装修部位的不同，可分为内部装饰（或室内装饰）、外部装饰（室外装饰）和环境装饰等。

1）内部装饰。内部装饰是指对建筑物室内所进行的建筑装饰，包括楼地面，墙裙、踢脚线，楼梯及栏杆（板），天棚，室内门窗（包括门窗套、贴脸、窗帘盒、窗帘及窗台等），室内装饰设施（包括给水排水与卫生设备、电气与照明设备、暖通设备、用具、家具以及其他装饰设施）。

2）外部装饰。外部装饰也称室外装饰，通常包括外墙面、柱面、外墙裙（勒脚）、腰线；屋面、檐口、檐廊；阳台、雨篷、遮阳篷、遮阳板；外墙门窗，包括防盗门、防火门、外墙门窗套、花窗、老虎窗等；台阶、散水、雨水管、花池（或花台）；其他室外装饰，如楼牌、招牌、装饰条、雕塑等外露部分的装饰。

3）环境装饰。环境装饰包括围墙、院落大门、灯饰、假山、喷泉、水榭、雕塑小品、院内（或小区）绿化以及各种供人们休闲、小憩的凳椅、亭阁等装饰物。环境装饰和建筑物内外装饰有机融合，使得居住环境、城市环境和社会环境协调统一，营造一个幽雅、美观、舒适、温馨的生活和工作氛围。因此，环境装饰也是现代建筑装饰的重要配套内容。

（2）按照装饰装修的材料划分。有水泥砂浆装饰、石灰砂浆装饰、水刷石装饰、干粘石装饰、大理石装饰、花岗石装饰、面砖装饰、板材装饰、塑料装饰以及其他各种新型材料装饰等。

（3）按照装饰装修的施工方法划分。有抹、刷、铺、贴、钉、喷、滚、弹涂等常见类型。

（4）按照装饰装修的时间划分。可分为前期装饰和后期装饰。

1）前期装饰。前期装饰也称为前装饰、一般装饰、普通装饰、传统装修和粗装修，是指建筑物的工程结构施工完成后，按照建筑装饰装修施工图所进行的室内外装饰施工，如内墙面抹灰、喷刷涂料、贴墙纸，外墙面水刷石、贴面砖等。

2）后期装饰。后期装饰是指在原房屋的前期装饰已完工或即将完工的情况下，依据用户的某种使用要求，对建筑物中构筑物的局部或全部所进行的内外装饰工程。目前，社会上泛称的装饰装修工程，多数是指后期装饰，也有人称之为高级装饰工程或现代装饰工程。

3. 装饰装修的内容、设计要求和作用

（1）建筑装饰装修工程的内容。

1）楼地面装饰工程。

2）墙、柱面装饰与隔断、幕墙工程。

3）天棚工程。

4）油漆、涂料、裱糊工程。

5）其他装饰工程。

6）房屋修缮工程。

（2）装饰装修工程设计的基本原则。装饰装修设计的基本原则为：适用、经济、美观。

1）适用原则。适用原则，是指装饰装修工程必须满足使用功能的需要，使装饰装修与人们的生活与生产互不干涉，并相互和谐，且能满足保温、隔热、隔声、照明、采光、通风等基本使用要求。

2）经济原则。经济原则，则表现为装饰装修成本应最大限度地降低，在保证使用功能的前提下，正确选择与合理使用装饰装修材料，选择方便可行的施工方法，降低人工消耗，以此保证装饰装修的适用性。

3）美观原则。美观原则，指的是装饰装修所表现出的综合效果与使用要求的一致性及与外部环境的和谐性。

适用、经济、美观相辅相成，缺一不可，设计人员在进行装饰装修工程设计时，必须遵守上述设计原则。

（3）装饰装修工程的作用。

1）保护建筑主体结构。通过建筑装饰，使建筑物主体不受风、雨、雪、雹和其他有害气体、大气的直接侵蚀，延长建筑物的寿命。

2）改善居住和生活条件。通过建筑装饰可满足某些建筑物在灯光、卫生、隔声等方面的要求。

3）强化建筑物的空间序列。对公共娱乐设施、商场、写字楼等建筑物的内部进行合理布局和分隔，以满足这些建筑物在使用上的各种要求。

4）美化城市环境，展示城市艺术魅力。

5）促进物质文明与精神文明建设。

1.2　工程基本建设程序概述

1.2.1　工程基本建设程序定义及内容

1. 工程基本建设程序定义

建设程序是对基本建设项目从酝酿、规划到建成投产所经历的整个过程中的各项工作开展先后顺序的规定。它反映工程建设各个阶段之间的内在联系，是从事建设工作的各有关部门和人员都必须遵守的原则。基本建设程序是建设项目从筹划建设到建成投产必须遵循的工作环节及其先后顺序。

现阶段，基本建设程序是建设领域各部门包括管理部门应共同遵守的规则或原则。

人们对基本建设程序规律的认识和反映程度不同，制定出来的基本建设工作程序管理制度的科学程度也就不同。

2. 工程基本建设程序内容

（1）项目建议书阶段。项目建议书是要求建设某一具体项目的建议文件，是建设过程中最初阶段的工作，是投资决策前对拟建项目的轮廓设想。

（2）可行性研究阶段。项目建议书批准后，应紧接着进行可行性研究。可行性研究是对项目在技术上是否可行和经济上是否合理进行科学的分析和论证。在可行性研究的基础上，编制可行性研究报告，并报告审批。可行性研究报告被批准后，不得随意修改和变更。

（3）建设地点的选择阶段。选择建设地点主要考虑三个问题：一是工程地质、水文地质等自然条件是否可靠；二是建设时所需水、电、运输条件是否落实；三是项目建成投产后原材料、燃料等是否具备，同时对生产人员生活条件、生产环境等也应全面考虑。

（4）设计工作阶段。设计是对拟建工程的实施在技术上和经济上所进行的全面而详细的安排，是项目建设计划的具体化，是组织施工的依据。一般项目分为两个阶段进行设计，即初步设计和施工图设计。技术上复杂而又缺乏设计经验的项目，在初步设计后需加技术设计。

（5）建设准备阶段。建设准备阶段主要内容包括：征地、拆迁和场地平整；完成施工用水、电、路等工程；组织设备、材料订货；准备必要的施工图；组织施工招标投标、择优选定施工单位，签订承包合同。

（6）编制年度建设投资计划阶段。建设项目要根据经过批准的总概算和工期，合理地安排分年度投资。年度计划投资的安排要与长远规划的要求相适应，以保证按期建成。

（7）建设施工阶段。建设项目经批准，项目便进入建设施工阶段。这是项目决策的实施、建成投产发挥效益的关键环节。新开工建设的时间，是指项目计划文件中规定的任何一项永久性工程第一次破土开槽开始施工的日期。建设工期从新开工时算起。

（8）生产准备阶段。生产准备的内容很多，不同类型的项目对生产准备的要求也各不相同，但从总的方面看，生产准备的主要内容有：招收和培训人员；生产组织准备；生产技术准备；生产物资准备。

（9）竣工验收阶段。竣工验收是工程建设过程的最后一环，是全面考核建设成本、检验设计和施工质量的重要步骤，也是项目由建设转入生产或使用的标志。通过竣工验收，一是检验设计和工程质量，保证项目按设计要求的技术经济指标正常生产；二是有关部门和单位可以总结经验教训；三是建设单位对经验收合格的项目可以及时移交固定资产，使其由建设系统转入生产系统或投入使用。

（10）后评价阶段。项目后评价就是在项目建成投产或投入使用后的一定时刻，对项目的运行进行全面评价，即对投资项目的实际成本效益进行系统审计，将项目的预期效果与项目实施后的终期实际结果进行全面对比考核。对建设项目投资的财务、经济、社会和环境等方面的效益与影响进行全面科学的评价。

1.2.2　工程基本建设项目的费用构成

基本建设费用是指基本建设项目从拟建到竣工验收交付使用的整个过程中，所投入的全部费用的总和。它包括工程费用（建筑工程费用和安装工程费用、设备及工器具购置费用）、工程建设其他费用、预备费、建设期贷款利息及铺底流动资金等，如图 1-1 所示。

1. 建筑工程费用

（1）各类房屋建筑工程和列入房屋建筑工程预算的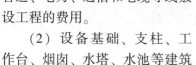供水、供暖、卫生、通风、煤气等设备费用及装饰、油饰工程的费用，列入建筑工程预算的各种管道、电力、通信和电缆导线敷设工程的费用。

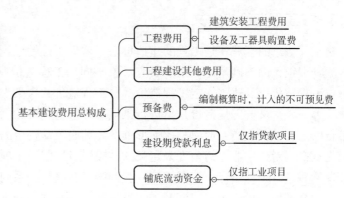

图 1-1　基本建设费用的构成示意图

（2）设备基础、支柱、工作台、烟囱、水塔、水池等建筑工程，以及各种炉窑的砌筑工程和金属结构工程的费用。

（3）为施工而进行的场地平整，工程和水文地质勘察，原有建筑物和障碍物的拆除，以及施工临时用水、电、气、路和完工后场地清理，环境绿化、美化等工作的费用。

2. 安装工程费用

（1）生产、动力起重运输、传动和医疗、试验等各种需要安装的机械设备的装配费用，与设备相连的工作台、梯子、栏杆等装配工程费用，附属于被安装设备的管线敷设工程费用，以及对被安装设备进行的绝缘、防腐、保温、油漆等工作的材料费和安装费。

（2）测定安装工程质量，对单台设备进行单机试运转，对系统设备进行系统联动，无负荷试运转工作的调试费用。

3. 设备及工器具购置费用

设备及工器具购置费用是指为建设项目购买或自制的达到固定资产标准的各种设备、工具、器具的购置费用，它由设备原价和设备运杂费构成。

工具、器具及生产家具购置费用是指新建或扩建项目初步设计规定的，为保证初期正常生产必须购置的没有达到固定资产标准的设备、仪器、工卡模具、器具、生产家具和备品备件等的购置费用。

4. 工程建设其他费用

工程建设其他费用是指从工程筹建到工程竣工验收交付使用的整个建设期间，除建筑安装工程费用和设备及工器具购置费用以外的，为保证工程建设顺利完成和交付使用后，能够正常发挥效用而发生的各项费用的总和。按其内容大体可分为三类。第一类指土地使用费用；第二类指与工程建设有关的其他费用；第三类指与未来企业生产经营有关的其他费用。

5. 预备费

预备费也称为不可预见费，包括基本预备费和涨价预备费。基本预备费指在初步设计及概算内难以预料的工程费用。涨价预备费指建设项目在建设期内由于价格等变化引起工程造价变化的预测预留费用。包括：人工、材料、设备、施工机械等价差费，建筑安装工程费及工程建设其他费用调整，利率、汇率调整等增加的费用。

1.3 工程造价的含义及其计价特征

1.3.1 工程造价的含义

工程造价的直意就是工程的建造价格。这里所说的工程，泛指一切建设工程，其范围的内涵具有很大的不确定性。由于研究对象不同，工程造价有建设工程造价、单项工程造价、单位工程造价以及建筑安装工程造价等。工程造价的含义大致可分为以下两种：

第一种含义：工程造价是指进行某项工程建设花费的全部费用，即该工程项目有计划地进行固定资产再生产、形成相应无形资产和铺底流动资金的一次性费用总和。显然，这一含义是从投资者——业主的角度来定义的。投资者选定一个项目后，就要通过项目评估进行决策，然后进行设计招标、工程招标，直到竣工验收等一系列投资管理活动。在投资活动中所支付的全部费用形成了固定资产和无形资产，所有这些开支就构成了工程造价。

第二种含义：工程造价是指工程价格。即为建成一项工程，预计或实际在土地市场、设备市场、技术劳务市场等交易活动中所形成的建筑安装工程的价格和建设工程总价格。显然，工程造价的第二种含义是以社会主义市场经济为前提。它以工程这种特定的商品形成作为交换对象，通过招标投标、发承包或其他交易形成，在进行多次预估的基础上，最终由市场形成的价格。

通常是将工程造价的第二种含义认定为工程发承包价格。

工程造价的两种含义是以不同的角度把握同一事物的本质。以建设工程的投资者来说，工程造价就是项目投资，是"购买"项目付出的价格；同时，也是投资者在作为市场供给主体在"出售"项目时定价的基础。对于承包商来说，工程造价是他们作为市场供给主体出售商品和劳务的价格总和，或是特指范围的工程造价，如建筑安装工程造价。

1.3.2 工程造价的特点

1. 工程造价的大额性

能够发挥投资效用的任何一项工程，其不仅实物形体庞大，而且造价高昂。动辄数百万元、数千万元，特大型工程项目的造价可达百亿元、千亿元人民币。工程造价的大额性使其关系到有关各方面的重大经济利益，同时也会对宏观经济产生重大影响。这就决定了工程造价的特殊地位，也说明了造价管理的重要意义。

2. 工程造价的个别性、差异性

任何一项工程都有特定的用途、功能、规模。因此，对每一项工程的结构、造型、空间分割、设备配置和内外装饰都有具体的要求，从而使工程内容和实物形态都具有个别性、差异性。产品的个别性、差异性决定了工程造价的个别性、差异性。同时，每项工程所处地区、地段都不相同，使这一特点更加得到强化。

3. 工程造价的动态性

任何一项工程从决策到竣工交付使用，都有一个较长的建设期间，而且由于不可控因素的影响，在预计工期内，许多影响工程造价的动态因素，如工程变更，设备材料价格，工资标准以及费率、利率、汇率会发生变化。这些变化必然会影响到造价的变动。所以，工程造价在整个建设期中处于不确定状态，直至竣工决算后才能最终确定工程的实际造价。

4. 工程造价的层次性

工程造价的层次性取决于工程的层次性。一个建设项目往往由多个能够独立发挥设计效能的单项工程（车间、写字楼、住宅楼等）组成。一个单项工程又是由能够各自发挥专业效能的多个单位工程（土建工程、电气安装工程等）组成。与此相适应，工程造价有三个层次，即建设项目总造价、单项工程造价和单位工程造价。如果将专业分工更细，分部工程和分项工程也可以作为承发包的对象，如大型土方工程、桩基工程、装饰工程等，所以工程造价的层次也可以划分为五个层次。此外，从工程造价的计算和工程管理的角度看，工程造价的层次性也是非常突出的。

5. 工程造价的兼容性

工程造价的兼容性首先表现在它具有两种含义，其次表现在工程造价构成因素的广泛性和复杂性。其中为获得建设工程用地支出的费用、项目可行性研究和规划设计费用、与政府一定时期政策（特别是产业政策和税收政策）相关的费用占有相当的份额。再次，盈利的构成也较为复杂，资金成本较大。

1.3.3　工程造价的计价特征

建设工程造价的计价，除具有一般商品计价的共同特点外，由于建设产品本身的固定性、多样性、体积庞大、生产周期长等特征，使其生产过程具有流动性、单一性、资源消耗多、造价的时间价值突出等特点。工程造价的计价特点有：

1. 计价的单件性

建筑产品的单件决定了每项工程都必须单独计算造价。

2. 计价的多次性

工程项目需要按一定的建设程序进行决策和实施，工程计价也需要在不同阶段多次进行，以保证工程造价计算的准确性和控制的有效性。多次计价是逐步深化、逐步细化和逐渐接近实际造价的过程。工程造价多次计价的过程如图 1-2 所示。

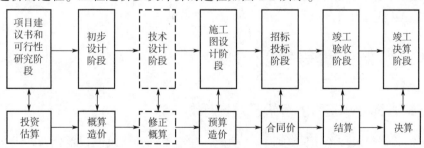

图 1-2　工程造价多次计价的过程

注：竖向箭头表示对应关系，横向箭头表示多次计价流程及逐步深化过程。

3. 计价的组合性

工程造价的计算是分步组合而成的，这一特征与建设项目的组合性有关。一个建设项目是一个工程综合体，它可以按单项工程、单位工程、分部工程、分项工程等不同层次分解为许多有内在联系的工程。工程造价的组合过程是：分部（分项）工程单价—单位工程造价—单项工程造价—建设项目总造价。

4. 计价方法的多样性

工程的每次计价有各不相同的计价依据，且其精确度的要求也各不相同，由此决定了计价方法的多样性。例如，投资估算的方法有设备系数法、生产能力指数估算法等；计算概、预算造价的方法有单价法和实物法等。不同方法有不同的适用条件，计价时应根据具体情况加以选择。

5. 计价依据的复杂性

由于影响工程造价的因素较多，所以计价依据具有复杂性。计价依据主要可分为以下七类：

1）设备和工程量计算依据。包括项目建议书、可行性研究报告、设计文件等。

2）人工、材料、机械等实物消耗量计算依据。包括投资估算指标、概算定额、预算定额等。

3）工程单价计算依据。包括人工单价材料价格、材料运杂费、机械台班费等。

4）设备单价计算依据。包括设备原价、设备运杂费、进口设备关税等。

5）措施费、间接费和工程建设其他费用的计算依据。主要是相关的费用定额和指标。

6）政府规定的税、费。

7）物价指数和工程造价指数。

1.3.4　工程造价的作用

工程造价涉及国民经济各部门、各行业，涉及社会再生产中的各个环节，也直接关系到人民群众的生活和城镇居民的居住条件，所以它的作用范围和影响程度都很大。其作用主要有以下五点：

1）建设工程造价是项目决策的工具。

2）建设工程造价是制订投资计划和控制投资的有效工具。

3）建设工程造价是筹集建设资金的依据。

4）建设工程造价是合理利益分配和调节产业结构的手段。

5）建设工程造价是评价投资经济效果的重要指标。

1.4　装饰装修工程等级及分类

1.4.1　建筑装饰装修工程的等级及装饰标准

建筑装饰装修等级按照不同的环境、功能、建筑装饰和建筑设备划分为高级、中级、普通三个等级。有关建筑装饰装修等级和标准见表 1-2 ~ 表 1-5。

表 1-2　建筑装饰装修等级及其类型

建筑装饰装修等级	建筑物类型
高级装饰装修等级	大型博览建筑，大型剧院，纪念性建筑，大型邮电局、交通建筑，大型贸易建筑，体育馆，高级宾馆，高级住宅

（续）

建筑装饰装修等级	建筑物类型
中级装饰装修等级	广播通信建筑，医疗建筑，商业建筑，普通博览建筑，邮电、交通、体育建筑，旅馆建筑，高教建筑，科研建筑
普通装饰装修等级	居住建筑、生活服务性建筑、普通行政办公楼，中、小学建筑

表 1-3　高级装饰装修建筑的内外装饰标准

装饰部位	内装饰材料及做法	外装饰材料及做法
墙面	大理石、各种面砖塑料墙纸（布）、织物墙面、木墙裙、喷涂高级涂料	天然石材（花岗石）、饰面砖、装饰混凝土、高级涂料、玻璃幕墙
楼地面	彩色水磨石、天然石料或人造石板（如大理石）、木地板、塑料地板、地毯	—
天棚	铝合金装饰板、塑料装饰板、装饰吸声板、塑料墙纸（布）、玻璃顶棚、喷涂高级涂料	外廊、顶棚底部参照内装饰
门窗	铝合金门窗、一级木材门窗、高级五金配件、窗台板、喷涂高级油漆	各种颜色玻璃铝合金门窗、钢窗、遮阳板、卷帘门窗、光电感应门
设备	各种花饰、灯具、空调，自动扶梯、高档卫生设备	—

表 1-4　中级装饰装修建筑的内外装饰标准

装饰部位		内装饰材料及做法	外装饰材料及做法
墙面		装饰抹灰、内墙涂料	各种面砖、外墙涂料、局部天然石材
楼地面		彩色水磨石、天然石料或人造石板（如大理石）、木地板、塑料地板、地毯	外廊、顶棚底部参照内装饰
天棚		胶合板、铝塑板、吸声板、各种涂料	—
门窗		窗帘盒	普通钢、木门窗，主要入口铝合金门
卫生间	墙面	水泥砂浆、瓷砖内墙裙	—
	楼地面	水磨石、马赛克	—
	天棚	混合砂浆、纸筋灰浆、涂料	—
	门窗	普通钢、木门窗	—

表 1-5　普通装饰装修建筑的内外装饰标准

装饰部位	内装饰材料及做法	外装饰材料及做法
墙面	混合砂浆、纸筋灰、石灰浆、大白浆、内墙涂料、局部油漆墙裙	水刷石、干粘石、外墙涂料、局部面砖
楼地面	细石混凝土、局部水磨石	—
天棚	直接抹水泥砂浆、水泥石灰浆或喷浆	外廊、顶棚底部参照内装饰
门窗	普通钢、木门窗、铁制五金配件	—

1.4.2 建筑装饰装修工程分类

1. 按装饰装修的部位分类

按装饰装修部位可分为：室内装饰装修，室外装饰装修。

1）外墙装饰装修包括涂饰、贴面、挂贴饰面、镶嵌饰面、玻璃幕墙等。

2）内墙装饰装修包括涂饰、贴面、镶嵌、裱糊、玻璃墙镶贴、织物镶贴等。

3）顶棚装饰装修包括顶棚涂饰、各种顶棚装饰装修等。

4）地面装饰装修包括石材铺砌、墙地砖铺砌、塑料地板、发光地板、防静电地板等。

5）特殊部位装饰装修包括特种门窗的安装（塑、铝、彩板组角门窗）、室内外柱、窗帘盒、暖气罩、筒子板、各种线角等。

2. 按装饰装修的材料分类

目前市场上可用做建筑装饰装修的材料非常多，从普通的各种灰浆材料，到各种新型建筑装饰装修材料，种类数不胜数，其中比较常见的有：

（1）各种灰浆材料：如水泥砂浆、混合砂浆、白灰砂浆、石膏砂浆、石灰浆等。这类材料分别可用于内墙面、外墙面、楼地面、顶棚等部位的装饰装修。

（2）各种涂料：如各种溶剂型涂料、乳液型涂料、水溶性涂料、无机高分子系涂料。各种不同的涂料分别可用于外墙面、内墙面、顶棚及地面的涂饰。

（3）水泥石渣材料：即以各种颜色、质感的石渣作骨料，以水泥作胶凝剂的装饰装修材料，如水刷石、干粘石、剁斧石、水磨石等。这类材料中，除水磨石主要用于楼地面做法外，其他材料则主要用于外墙面的装饰装修。

（4）各种天然或人造石材：如天然大理石、天然花岗石、青石板、人造大理石、人造花岗石、预制水磨石、釉面砖、外墙面砖、陶瓷锦砖（俗称"马赛克"）、玻璃马赛克等。石材又可分为较小规格的块材以及较大规格的板材。根据石材的质地、特性，可分别用于外墙面、内墙面、楼地面等部位的装饰装修。

（5）各种卷材：如纸面纸基壁纸、塑料壁纸、玻璃纤维贴墙布、无纺贴墙布、织锦缎等，主要用于内墙面的装饰装修，有时也会用于顶棚的装饰装修。另外还有一类主要用于楼地面装饰装修的卷材，如塑料地板革、塑料地板砖、纯毛地毯、化纤地毯、橡胶绒地毯等。

（6）各种饰面板材：这里所指的饰面板材，是指除天然或人造石材之外各种材料制成的装饰装修用板材。如各种木质胶合板、铝合金板、钢板、铜板、搪瓷板、镀锌板、铝塑板、塑料板、镀塑板、纸面石膏板、水泥石棉板、矿棉板、玻璃以及各种复合贴面板材等。这类饰面板材类型有很多，可分别用于外墙面、内墙面以及顶棚的装饰装修，有些还可以作为活动地板的面层材料。

3. 按装饰装修的构造做法分类

（1）清水类做法。这类做法包括清水砖墙（柱）和清水混凝土墙（柱）。其构造方法是：在砖砌体砌筑或混凝土浇筑成型后，在其表面仅做水泥砂浆勾缝或涂透明色浆，以保持砖砌体或混凝土结构的材料所特有的装饰装修效果。清水类做法历史悠久，装饰装修效果独特，且材料成本低廉，在外墙面及内墙面（多为局部采用）的装饰装修中，仍不失为一种很好的方法。

（2）涂料做法。涂料类做法的构造方法，是在对基层进行处理达到一定的坚固平整程度之后，涂刷上各种建筑涂料。建筑涂料具有装饰装修、保护结构和改善条件的功能。涂料类做法几乎适用于室内外各种部位的装饰装修，其主要特点是省工省料，施工简便，便于采用施工机械，因而工效较高，便于维修更新；缺点是其有效使用年限相比其他装饰装修做法来说比较短。由于涂料类做法的经济性较好，因此具有良好的应用前景。

（3）块材铺贴式做法。块材铺贴式做法的构造方法是：采用各种天然石材或人造石材，利用水泥砂浆等胶结材料粘贴于基层之上。基层处理的方法一般仍采用 10～15mm 厚的水泥砂浆打底找平，其上再用 5～8mm 厚的水泥砂浆粘贴面层块材。面层块材的种类非常多，可根据内外墙面、楼地面等不同部位的特定要求进行选择。块材铺贴式做法的主要特点是，耐久性比较好，施工方便，装饰装修质量和效果好，用于室内时较易保持清洁；缺点是造价较高，且工效不高，仍为手工操作。

（4）整体式做法。整体式做法的构造方法是：采用各种灰浆材料或水泥石渣材料，以湿作业的方式，分 2～3 层制作完成。分层制作的目的是保证质量要求，为此，各层的材料成分、比例以及材料厚度均不相同。以 20～25mm 厚的三层做法为例：第一层为 10～12mm 厚的打底层，其作用是使装饰装修层与基体（墙、楼板等）黏结牢固并初步找平；第二层为 6～8mm 厚的找平层，其作用主要是进一步找平，并减少打底层砂浆干缩导致面层开裂的可能性；第三层为 4～5mm 厚的罩面层，其主要的作用就是要达到基本的使用要求和美观的要求。打底层的材料以水泥砂浆（用于室内潮湿部位及室外）和混合砂浆、石灰砂浆（用于室内）为主，罩面层及找平层的材料根据所处部位的具体装饰装修要求而定。整体式做法是一种传统的墙面、楼地面、顶棚等装饰装修的方法，其主要特点是，材料来源广泛，施工方法简单方便，成本低廉；缺点是饰面的耐久性差，易开裂，易变色，工效比较低，基本上都是手工操作。

1.5　建筑装饰装修工程概（预）算

1.5.1　建筑装饰装修工程概（预）算的概念

建筑装饰工程概（预）算，是指在执行工程建设程序过程中，根据不同的设计阶段设计文件的具体内容和国家规定的定额指标以及各种取费标准，预先计算和确定每项新建、扩建、改建和重建工程中的装饰工程所需全部投资额的经济文件。它是装饰工程在不同建设阶段经济上的反映，是按照国家规定的特殊的计划程序，是预先计算和确定装饰工程价格的计划文件。

根据我国现行的设计和概（预）算文件编制以及管理方法，对工业与民用建设工程项目作了如下规定：①采用两阶段设计的建设项目，在扩大初步设计阶段，必须编制设计概算；在施工图设计阶段，必须编制施工图预算。②采用三阶段设计的建设项目，除在初步设计阶段、施工图设计阶段，必须编制相应的概算和施工图预算外，还必须在技术设计阶段编制修正概算。因此，不同阶段设计的装饰工程，也必须编制相应的概算和预算。

建筑装饰工程概（预）算所确定的投资额，实质上就是建筑装饰工程的计划价格。这种计划价格在工程建设工作中，通常又称为"概算造价"或"预算造价"。

1.5.2 建筑装饰装修工程概（预）算的分类及作用

根据我国的设计、概（预）算文件编制和管理方法，并结合建设工程概预算编制的顺序做如下分类。

1. 设计概算

设计概算，是指在初步设计阶段或扩大初步设计阶段，由设计单位根据初步设计图、概算定额或概算指标，设备预算价格，各项费用的定额或取费标准，建设地区的自然、技术经济条件等资料，预先计算建设项目由筹建至竣工验收、交付使用全部建设费用的经济文件。

设计概算的主要作用如下：

（1）是国家确定和控制建设项目总投资的依据。未经规定的程序批准，不能突破总概算的这一限额。

（2）是编制基本建设计划的依据。每个建设项目，只有当初步设计和概算文件均被批准后，才能列入基本建设计划。

（3）是进行设计概算、施工图预算和竣工决算"三算"对比的基础。

（4）是实行投资包干和招标承包制的依据，也是建设银行办理工程拨款、贷款和结算，以及实行财政监督的重要依据。

（5）是考核设计方案的经济合理性，选择最优设计方案的重要依据。利用概算对设计方案进行经济性比较，是提高设计质量的重要手段之一。

2. 施工图预算

施工图预算，是指在施工图设计阶段，设计全部完成并经过会审，单位工程开工之前，施工单位根据施工图，施工组织设计，预算定额，各项费用取费标准，建设地区的自然、技术经济条件等资料，预先计算和确定单项工程和单位工程全部建设费用的经济文件。

施工图预算的主要作用如下：

（1）确定建筑安装工程预算造价的具体文件。

（2）签订建筑安装工程施工合同，实行工程预算包干，进行工程竣工结算的依据。

（3）建设银行拨付工程价款的依据。

（4）施工企业加强经营管理，做好经济核算，实行对施工预算和施工图预算"两算"对比的基础，也是施工企业编制经营计划进行施工准备和投标报价的依据。

3. 施工预算

施工预算，是指施工阶段，在施工图预算的控制下，施工单位根据施工图计算的分项工程量、施工定额、单位工程施工组织设计等资料，通过工料分析，计算和确定拟建工程所需的人工、材料、机械台班消耗量及其相应费用的技术经济文件。

施工预算的主要作用如下：

（1）是施工企业对单位工程实行计划管理时，编制施工作业计划的依据。

（2）是施工队向班组签发施工任务单，实行班组经济核算，考核单位用工限额领料的依据。

（3）是班组推行全优综合奖励制，实行按劳分配的依据。

（4）是施工企业开展经济活动分析，进行"两算"对比的依据。

1.5.3　建设预算文件的组成

建设预算文件主要由下列概（预）算书组成：

1. 单位工程概（预）算书

单位工程概（预）算书是确定某一个单项工程中的一般土建工程、卫生工程、工业管道工程、特殊构筑物工程、机械设备及安装工程、电气照明工程、电气设备及安装工程等各单位工程建设费用的文件。

单位工程概算或预算是根据设计图和概算指标、概算定额、预算定额、其他直接费和间接费定额及国家有关规定等资料编制的。

2. 其他工程和费用概（预）算书

其他工程和费用概（预）算书是确定建筑工程与设备及其安装工程之外的、与整个建设工程有关的、应在基本建设投资中支付的，并列入建设项目总概算或单项工程综合概（预）算中的其他工程和费用的文件。它是根据设计文件和国家、省、直辖市、自治区主管部门规定的取费定额或标准，以及相应的计算方法进行编制的。

其他工程和费用，在初步设计阶段编制总概算时，均需编制概算书；在施工图设计阶段，大部分费用项目仍需编制预算书，少部分由建筑安装企业施工的项目，如原有地上、地下障碍物的拆迁等项目，也需要编制预算书。

3. 单项工程综合概（预）算书

单项工程综合概（预）算书是确定某一独立建筑物或构筑物全部建设费用的文件。它是由该单项工程内的各单位工程概（预）算书汇编而成的。当一个建设项目中，只有一个单项工程时，则与该工程项目有关的其他工程和费用的概（预）算书，也应列入该单项工程综合概（预）算书中。此时，单项工程综合概（预）算书，实际上就是一个建设项目的总概（预）算书。

4. 建设项目总概算书

建设项目总概算书是确定一个建设项目从筹建到竣工验收全过程的全部建设费用的总文件。这是由该建设项目的各生产车间、独立建筑物或构筑物的综合概算书，以及其他工程和费用概算书综合汇总而成的。它包括建成一项建设项目所需要的全部投资。

综上所述，一个建设项目的全部建设费用是由总概算书确定和反映的，它由一个或几个单项工程的综合概算及其他工程和费用概算书组成。一个单项工程的全部建设费用是由综合概（预）算书确定和反映的，它是由该单项工程内的几个单位工程概（预）算书组成。一个单位工程的全部建设费用是由单位工程概（预）算书确定和反映的，它是由每个单位工程内和各分项工程的直接费和其他、经费、间接费、利润、税金等组成。

第2章　装饰装修工程识图

2.1　内视符号识读

在房屋建筑中，一个特定的室内空间领域总是以竖向分隔（隔断或墙体）来界定。因此，根据具体情况，就有可能绘制一个或多个立面图来表达隔断、墙体及家具和构配件的设计情况。内视符号标注在平面图中，包含视点位置、方向和编号三种信息，以建立平面图和室内立面图之间的联系。

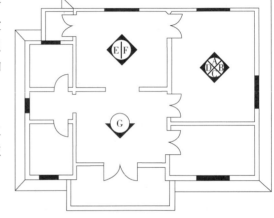

1. 内视符号

内饰符号是为了表示室内立面在平面图上的位置，应在平面图上用内视符号注明视点位置、方向及立面编号。

平面图上内视符号的应用如图2-1所示。

2. 内视符号中的圆圈

图 2-1　平面图上内视符号的应用

内视符号中的圆圈用细实线绘制，根据图面比例圆圈直径可选择8~12mm。立面编号宜采用拉丁字母或阿拉伯数字。

内视符号如图2-2所示。

a）　　　　　　　　　　b）　　　　　　　　　　c）

图 2-2　内视符号

a）单面内视符号　b）双面内视符号　c）四面内视符号

2.2　装饰平面图

1. 装饰平面图的含义

装饰平面图包括平面布置图和顶棚平面图。

装饰平面图是假想用一个水平的剖切平面，在窗台上方位置将经过内外装饰的房屋整个剖开，移去上面部分向下所作的水平投影图。它的作用主要是用来表明建筑室内外各种装饰布置的平面形状、位置、大小和所用材料，表明这些布置与建筑主体、结构之间以及这些布置相互之间的关系等。

装饰平面图如图2-3所示。

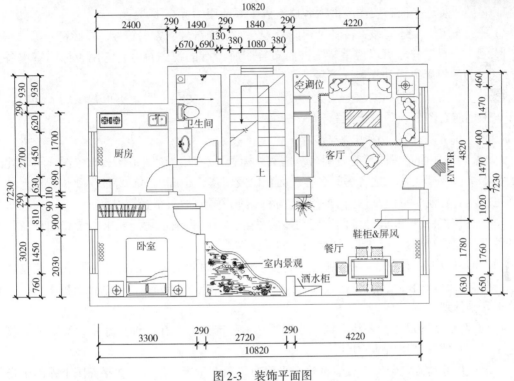

图2-3　装饰平面图

2. 平面布置图

（1）平面布置图的主要内容和表示方法。

1）建筑平面基本结构和尺寸。平面布置图是装饰施工图中的主要图纸，它是
根据装饰设计原理、人体工学以及用户的要求画出的用于反映建筑平面布局、装
饰空间及功能区域的划分、家具设备的布置、绿化及陈设的布局等内容的图纸，
是确定装饰空间平面尺度及装饰形体定位的主要依据。常用比例为1:50、1:100和1:200。

2）装饰结构的平面形式和位置。平面布置图需要标明楼地面、门窗和门窗套、护壁板
或墙裙、隔断、装饰柱等装饰结构的平面形式和位置。

门窗的平面形式主要用图例表示，其装饰应按比例和投影关系绘制。平面布置图上应标
明门窗是里皮装、外装还是中装，并应注上它们各自的设计编号。

3）室内外配套装饰设置的平面形状和位置。平面布置图还要标明室内家具、陈设、绿
化、配套产品和室外水池、装饰小品等配套实体的平面形状、数量和位置。这些布置当然不
能将实物原形画在平面布置图上，只能借助一些简单、明确的图例来表示。

4）装饰结构与配套布置的尺寸标注。为了明确装饰结构和配套布置在建筑空间内的具
体位置和大小，以及与建筑结构的相互关系，平面布置图上的另一主要内容就是尺寸标注。

5）平面布置图的尺寸标注。平面布置图的尺寸标注分为外部尺寸和内部尺寸。

①外部尺寸一般是套用建筑平面图的轴间尺寸和门窗洞、洞间墙尺寸，而装饰结构和配
套布置的尺寸主要在图形内部标注。

②内部尺寸一般比较零碎，直接标注在所表示的内容附近。若遇重复相同的内容，其尺寸可代表性地标注。

为了区别平面布置图上不同平面的上下关系，必要时也要注出标高。为了简化计算、方便施工起见，装饰平面布置图一般取各层室内主要地面为标高零点。

③平面布置图上还应该标注各种视图符号，如剖切符号、索引符号、投影符号等。

投影符号可以说是装饰平面布置图所特有的视图符号，它用于标明室内各立面的投影方向和投影面编号。

为了使图面的表达更为详尽周到，必要的文字说明是不可缺少的。同时，平面布置图还应有图名、图的比例等。

（2）平面布置图的阅读方法与步骤。

1）看装饰平面布置图要先看图名、比例、标题栏，认定该图是什么布置图。再看建筑平面基本结构及其尺寸，把各房间名称、面积以及门窗、走廊、楼梯等的主要位置和尺寸了解清楚。然后看建筑平面结构内的装饰结构和装饰设置的平面布置等内容。

2）通过对各房间和其他空间主要功能的了解，明确为满足功能要求所设置的设备与设施的种类、规格和数量，以便制订相关的购买计划。

3）通过图中装饰面的文字说明，了解各装饰面对材料规格、品种、色彩和工艺制作的要求，明确各装饰面的结构材料与饰面材料的衔接关系与固定方式，并结合面积作材料计划和施工安排计划。

4）面对众多的尺寸，要注意区分建筑尺寸和装饰尺寸。在装饰尺寸中，又要分清其中的定位尺寸、外形尺寸和结构尺寸。

①定位尺寸是确定装饰面或装饰物在平面布置图上位置的尺寸。在平面图上需两个定位尺寸才能确定一个装饰物的平面位置，其基准往往是建筑结构面。

②外形尺寸是装饰面或装饰物的外轮廓尺寸，由此可确定装饰面或装饰物的平面形状与大小。

③结构尺寸是组成装饰面和装饰物各构件及其相互关系的尺寸，由此可确定各种装饰材料的规格，以及材料之间和材料与主体结构之间的连接固定方法。

为了避免重复，平面布置图上同样的尺寸往往只代表性地标注一个，读图时要注意将相同的构件或部位归类。

通过平面布置图上的投影符号，明确投影面编号和投影方向，并进一步查出各投影方向的立面图。

通过平面布置图上的剖切符号，明确剖切位置及其剖视方向，以进一步查阅相应剖面图。

通过平面布置图上的索引符号，明确被索引部位及详图所在位置。

概括起来，阅读装饰平面布置图应抓住面积、功能、装饰面、设施以及与建筑结构的关系这五个要点。

2.3　楼地面装修图

1. 楼地面装修图的含义

楼地面装修图需要标明楼地面、门窗和门窗套、护壁板或墙裙隔断、装饰柱等装饰结构的平面形式和位置。

2. 图示方法

（1）楼地面装修图与建筑平面图的投影原理基本相同。楼地面装修图主要表现楼地面的地面造型装饰材料名称、尺寸和工艺要求等。

（2）楼地面平面图的常用比例为 1：50、1：60、1：80、1：100。

3. 图示内容

（1）楼地面装修图的基本内容包括定位轴线、房间尺寸门窗位置、尺寸等。

（2）楼地面选用的材料、分格尺寸、拼花造型、颜色等。

（3）索引符号，引出详图所在位置、文字、说明等。

（4）标注楼地面标高。

4. 阅读楼地面装修图的方法步骤

阅读楼地面装修主要了解客厅、餐厅、卧室、厨房、卫生间等地面的面层材料名称、规格、拼花形式。

楼地面装修图如图 2-4 所示。

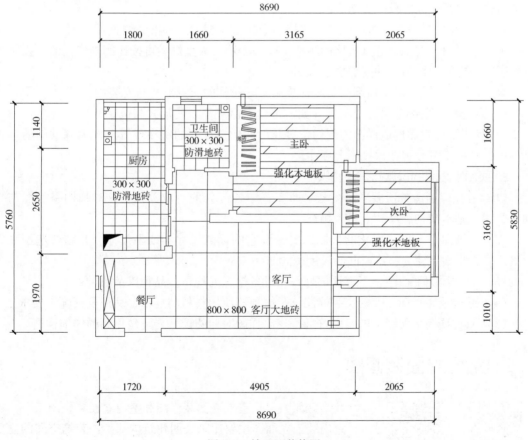

图 2-4　楼地面装修图

2.4 顶棚平面图

1. 顶棚平面图的形成

顶棚平面图有两种形成方法：一是假想房屋水平剖开后，移去下面部分向上作直接正投影而成。二是采用影像投影法，将地面视为镜面，对镜中顶棚的形象作正投影而成。

（1）顶棚平面图的概念。顶棚平面图一般都采用镜像投影法绘制。顶棚平面图的作用主要是用来表明顶棚装饰的平面形状、尺寸和材料，以及灯具和其他各种室内顶部设施的位置和大小等。

（2）顶棚平面图的基本内容与表示方法。

1）表明墙柱和洞口位置，一般不图示门窗及其开启方向线，只图示门窗过梁底面。

2）表明顶棚装饰造型的平面形式和尺寸，并通过附加文字说明其所用材料、色彩及工艺要求。

顶棚的迭级变化应结合造型平面分区线用标高的形式来表示，由于所注是顶棚各构件底面的高度，因而标高符号的尖端应向上。

3）表明顶部灯具的种类、式样、规格、数量及布置形式和安装位置。

顶棚平面图上的小型灯具按比例用细实线圆表示，大型灯具可按比例画出它的正投影外形轮廓，力求简明概括，并附加文字说明。

4）表明空调风口以及顶部消防与音响设备等设施的布置形式与安装位置。

5）表明墙体顶部有关装饰配件（如窗帘盒、窗帘等）的形式与位置。

6）表明顶棚剖面构造详图的剖切位置及剖面构造详图的所在位置。作为基本图的装饰剖面图，其剖切符号不在顶棚图上标注。

2. 顶棚平面图的识读方法与步骤

（1）首先应弄清楚顶棚平面图与平面布置图各部分的对应关系，核对顶棚平面图与平面布置图在基本结构和尺寸上是否相符。

（2）对于某些有迭级变化的顶棚，要分清它的标高尺寸和线型尺寸，并结合造型平面分区线，在平面上建立三维空间的尺度概念。

（3）通过顶棚平面图，了解顶部灯具和设备设施的规格、品种以及数量。

（4）通过顶棚平面图上的文字标注，了解顶棚所用材料的规格、品种及其施工要求。

（5）通过顶棚平面图上的索引符号，找出详图对照阅读，弄清楚顶棚的详细构造。

2.5 室内立面装修图

装饰立面图包括室外立面装修图和室内立面装修图。

室内装饰立面图主要用来表明建筑内部某一装饰空间的立面形式、尺寸及室内配套布置等内容。其形成比较复杂，且形式不一。目前常采用的形成方法有以下两种：

一是假想将室内空间垂直剖开，移去剖切平面前面的部分，对余下部分作投影而成。

二是假想将室内各墙面沿面与面相交处拆开，移去暂时不予图示的墙面，将剩下的墙面及其装饰布置向竖直投影面作投影而成。

室内立面装修图如图 2-5 所示。

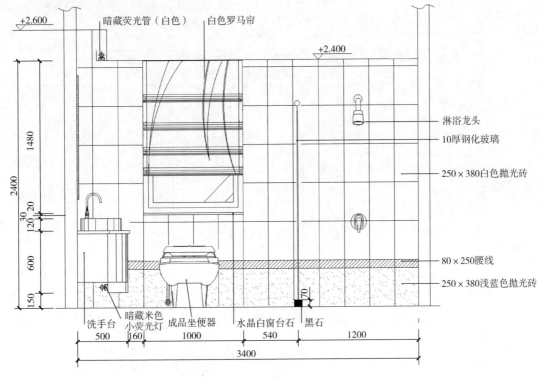

二层卫生间 C 立面 1：30

图 2-5　室内立面装修图

1. 室内立面装修图的基本内容和表示方法

（1）在室内立面装修图中使用相对标高，即以室内地面为标高零点，并以此为基准来标明装饰立面图上有关部位的标高。

（2）标明室内立面装饰的造型和式样，并用文字说明其饰面材料的品名、规格、色彩和工艺要求。

（3）标明室内立面装饰造型的构造关系和尺寸。

（4）标明各种装饰面的衔接收口形式。

（5）标明室内立面上各种装饰（如壁画、壁挂、金属字等）的式样、位置和尺寸大小。

（6）标明门窗、花格、装饰隔断等设施的高度尺寸和安装尺寸。

（7）标明室内外景园小品或其他艺术造型体的立面形状和高低错落位置尺寸。

（8）标明室内外立面中的所用设备及其位置尺寸和规格尺寸。

（9）标明详图所示部位及详图所在位置。作为基本图的装饰剖面图，其剖切符号一般不应在立面图上标注。

（10）作为室内立面装修图，还要标明家具和室内配置产品的安放位置和尺寸。

室内立面图如图 2-6 所示。

2. 建筑装饰立面图的识读方法与步骤

（1）明确建筑装饰立面图上与该工程有关的各部分尺寸和标高。

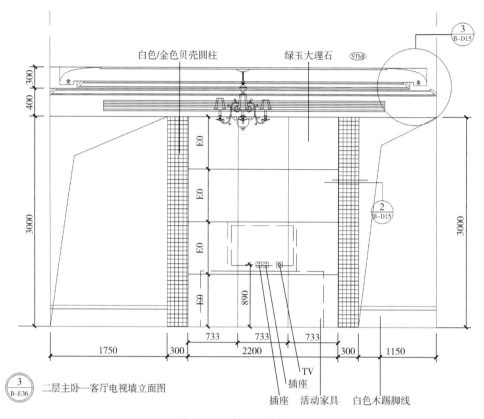

图 2-6 室内立面装修图

图 2-6 室内立面装修图

通过图中不同线型的含义，搞清楚立面上有几种不同的装饰面，以及这些装饰面所选用的材料与施工工艺要求。

立面上各装饰面之间的衔接收口较多，这些内容在立面图上标示得比较概括，多在节点详图中详细标明。

（2）明确装饰结构之间以及装饰结构与建筑主体之间的连接固定方式，以便提前准备预埋件和紧固件。

 要注意设施的安装位置，确定电源开关、插座的安装位置和安装方式，以便在施工中留位。

室内立面装修图如图 2-7 所示。

2.6 装饰剖面图和节点装修详图

1. 装饰剖面图

装饰剖面图的概念是用假想平面将室外某装饰部位或室内某装饰空间垂直剖开而得的正投影图。它主要表明上述部位或空间的内部结构情况，或者装饰结构与建筑结构、结构材料与饰面材料之间的构造关系等。装饰剖面图如图 2-8 所示。

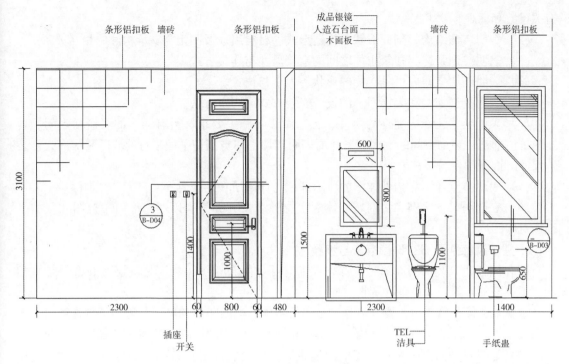

图 2-7　室内立面装修图

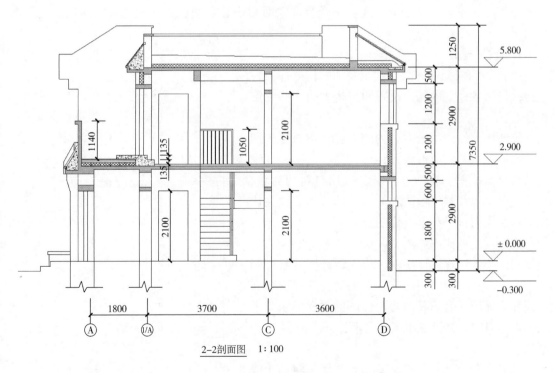

2—2剖面图　1：100

图 2-8　装饰剖面图

2. 装饰剖面图的基本内容

（1）表明建筑的剖面基本结构和剖切空间的基本形状，并注出所需的建筑主体结构的有关尺寸和标高。

（2）表明装饰结构的剖面形状、构造形式、材料组成及固定与支承构件的相互关系。

（3）表明装饰结构与建筑主体之间的衔接尺寸与连接方式。

（4）表明剖切空间内可见实物的形状、大小与位置。

（5）表明装饰结构和装饰面上的设备安装方式或固定方法。

（6）表明某些装饰构配件的尺寸、工艺做法与施工要求，另有详图的可概括表明。若是建筑内部某一装饰空间的剖面图，还要表明剖切空间与剖切平面平行的墙面装饰形式、装饰尺寸、饰面材料与工艺要求。

（7）表明节点详图和构件详图的所示部位与详图所在的位置。

（8）表明图名、比例和被剖切墙体的定位轴线及其编号，以便与平面布置图和顶棚平面图对照阅读。

3. 建筑装饰剖面图的识读方法与步骤

（1）阅读建筑装饰剖面图时，首先要求对照平面布置图，看清楚剖切面的编号是否相同，了解该剖面的剖切位置和剖视方向。

在众多图像和尺寸中，要分清哪些是建筑主体结构的图形和尺寸，哪些是装饰结构的图形和尺寸。当装饰结构与建筑结构所用材料相同时，它们的剖断面的表示方法是一致的。

（2）通过对剖面图中所示内容的阅读研究，明确装饰工程各部位的构造方法、构造尺寸、材料要求与工艺要求。建筑装饰形式变化多，程式化的做法少。

（3）某些室外装饰剖面图还要结合装饰立面图来综合阅读，才能全方位地理解剖面图示内容。

4. 装饰详图

（1）装饰构配件详图。建筑装饰的构配件项目很多，包括各种室内配套设置和结构上的一些装饰构件。

装饰构配件详图的主要内容有：详图符号、图名、比例；构配件的形状、详细构造、层次、详细尺寸和材料比例；构配件各部分所用材料的品名、规格、色彩以及施工做法和要求；部分尚需放大比例详示的索引符号和节点详图。

装饰构配件详图如图 2-9 所示。

阅读装饰构配件详图时，应先看详图符号和图名，弄清楚从何图索引而来。有的构配件详图有立面图和平面图，有的装饰构配件图的立面形状或平面形状及其尺寸就在被索引图纸上，不再另行画出。

（2）装饰节点详图。装饰节点详图是将两个或

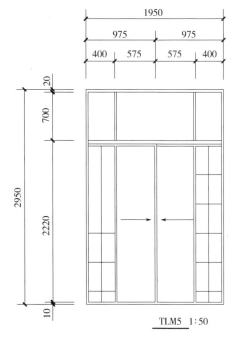

图 2-9　装饰构配件详图

多个装饰面的交汇点或构造的连接部位按垂直和水平方向剖开，并以较大比例绘出的详图。它是装饰工程中最基本和最具体的施工图，有时供构配件详图引

用，有时又直接供基本图所引用。

装饰节点详图如图 2-10 所示。

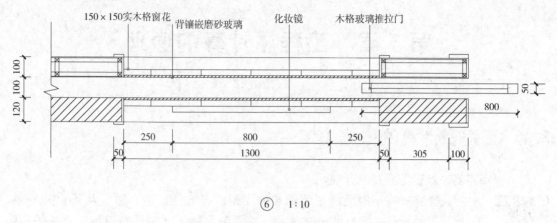

⑥　1:10

图 2-10　装饰节点详图

节点详图的比例常采用 1:1、1:2、1:5 和 1:10，其中比例为 1:1 的详图又称为足尺图。

第3章 工程量计算的原理

3.1 工程量计算的依据

1. 经审定的设计施工图及设计说明

 装饰装修施工图反映了装饰装修工程的各部位构造、做法及其相关尺寸，是计算工程量获取数据的基本依据。装饰装修施工图包括施工图、效果图、局部大样、展开图及其有关说明。在取得施工图和设计说明后，必须全面、细致地熟悉有关图纸和资料，检查图纸是否齐全、正确。如果发现设计图有错漏或互相有矛盾，应及时向有关设计人员提出修正意见，及时更正。经审核、修正后的装饰装修施工图才能作为计算工程量的依据。

2. 装饰装修工程量计算规则

 装饰装修工程预算定额中的工程量计算规则和相关说明详细地规定了各分部分项工程量的计算规则和计算单位。它们是计算工程量的唯一依据，计算工程量时必须严格按照定额中的计量单位和计算规则进行，否则，计算的工程量就不符合规定，或者说计算结果的数据和单位等与定额所含内容不相符。预算列项的顺序一般也就是预算定额子项目的编排顺序，即工程量计算的顺序，依此顺序列项并计算工程量，就可以有效地防止漏算工程量和漏套定额，确保预算造价真实可靠。

3. 装饰装修施工组织设计与施工技术措施

计算工程量时，还必须结合施工组织设计的要求进行。装饰装修施工组织设计是确定施工方案、施工方法和主要施工技术措施等内容的基本技术经济文件。

3.2 工程量计算的顺序

为了防止漏项，减少重复计算，在计算工程量时应该按照一定的顺序，有条不紊地进行计算。下面分别介绍工程量计算通常采用的顺序。

1. 按清单顺序计算

（1）楼地面装饰工程的工程量计算（室内各类整体和块料面层、楼梯面层、台阶、散水、坡道、踢脚地沟等）。

（2）墙、柱面装饰与隔断、幕墙工程的工程量计算（墙、柱面抹灰、各种墙、柱面层、零星项目抹灰、面层、幕墙、隔断等）。

（3）天棚工程量计算（天棚抹灰、天棚吊顶及其他装饰）。

（4）油漆、涂料、裱糊工程量计算（木材面、金属面、抹灰面油漆、喷刷涂料等）。

（5）其他装饰工程量计算（柜类、货架、装饰线条、栏杆扶手装饰、浴厕配件、雨篷、装饰柱、美术字等）。

（6）房屋修缮工程（构件、管道、装饰拆除、加固及修缮等）。

（7）其他工程的工程量计算（主要包括垂运费、脚手架等）。

2. 按定额顺序计算

按当地定额中的分部分项编排顺序计算工程量，即从定额的第一分部第一项开始，对照施工图，凡遇到定额所列项目，在施工图中有的，就按该分部工程量计算规则算出工程量。凡遇到定额所列项目，在施工图中没有的，就忽略，继续看下一个项目。

这种按定额编排顺序计算工程量的方法，对初学者可以有效地防止漏算、重算现象。

3. 按图纸拟定一个有规律的顺序依次计算

（1）按轴线编号计算。对于结构比较复杂的工程量，为了方便计算和复核，有些分项工程可按施工图轴线编号的方法计算。例如在平面图中，可按 A 轴①~③轴，B 轴③、⑤、⑦轴这样的顺序计算。

（2）按房间计算。在房间种类较多，各房间装修做法不同时，可按照每一房间楼地面、墙柱面、天棚等分别计算工程量。

（3）按图纸上标明的做法序号进行计算。装饰装修施工图标明的做法序号，如地面 1、地面 2、墙面 1、墙面 2 等序号，可按照先地面后墙面，最后天棚的顺序，进行工程量计算。

（4）分层计算。该方法在工程量计算中较为常见，例如墙柱面装饰、楼地面做法等各层不同时，都应分层计算，然后再将各层相同工程做法的项目分别汇总。

（5）分区域计算。大型工程项目平面设计比较复杂时，可在伸缩缝或沉降缝处将平面图划分成几个区域分别计算工程量，然后再将各区域相同特征的项目合并计算。

（6）快速计算。该方法是在基本方法的基础上，根据构件或分项工程的计算特点和规律总结出来的简便、快捷方法。其核心内容是利用工程量数表、工程量计算专用表、各种计算公式加以技巧计算，从而达到快速、准确计算的目的。

3.3　工程量计算的原则

1. 工程量计算所用原始数据必须和设计图一致

计算工程量时，首先要对施工图进行核对，各项目计算尺寸的取定要准确。

2. 计算口径必须与定额一致

计算工程量时，根据装饰装修施工图列出的工程项目口径，即工程包含的所有工作内容，必须与现行的工程量计算规范相应的定额子目口径一致，不能将已包含在定额子目中的工作内容单独列项计算。如镶贴面层项目，定额中除包括镶贴面层工料外，还包括了结合层的工料，即粘结层不得另行计算。这就要求预算人员必须熟悉定额组成及其所包含的内容。

3. 计算单位必须与定额一致

计算工程量时，所计算工程项目的工程量单位必须与现行工程量计算规范中相应定额子目计量单位一致。在现行国家计量规范规定中，工程量的计量单位规定如下：

（1）以体积计算的为立方米（m^3）。

（2）以面积计算的为平方米（m²）。

（3）长度为米（m）。

（4）重量为吨或千克（t 或 kg）。

（5）以件（个或组）计算的为件（个或组）。

例如，现行国家工程量计算规范规定中，木窗油漆是按 m² 计量，木扶手油漆是按 m 计量。

4. 工程量计算规则必须与定额一致

工程量计算必须与相关工程现行国家工程量计算规范规定的工程量计算规则相一致。现行国家工程量计算规范规定的工程量计算规则中对各分部分项工程的工程量计算规则作了具体规定，计算时必须严格按规定执行。例如楼梯面层的工程量按设计图示尺寸以楼梯（包含踏步、休息平台及宽度不大于 500mm 的楼梯井）水平投影面积计算。

5. 工程量计算精度必须和定额规定一致

工程量的数字计算要准确，一般应精确到小数点后三位，汇总时，其准确度取值要达到：

（1）以 t 为单位，应保留小数点后三位数字，第四位四舍五入。

（2）以 m、m³、m²、kg 为单位，应保留两位小数，第三位四舍五入。

（3）以个、套、块、组、樘为单位，应取整数。

3.4　工程量计算的方法

1. 工程量计算的方法

（1）按施工顺序计算。即按照工程施工顺序的先后计算工程量，计算时，先地下，后地上；先底层，后上层；先主要，后次要。

（2）用统筹法计算工程量。统筹法计算工程量是根据装饰施工图、施工方法、施工流程、工程量计算规则及其他资料先计算常用基本数据，以备重复使用，以及在分项工程量计算中统筹规划，使先计算的工程量可为后续分项工程工程量的计算所利用。从而，统筹法能高效地计算各种装饰部位和装饰构件的相关工程量。

用统筹法计算工程量的基本要点是：统筹程序、合理安排；利用基数、连续计算；一次计算，多次使用；结合实际，灵活机动。

统筹法计算工程量的优点是最大限度地减少二次重复计算，加快工程量的计算速度；其缺点是某些计算过程不容易理解，基本数据有时需要根据工程实际和预算编制人员本人的理解进行设置。

2. 工程量计算的步骤

（1）熟悉图纸：工程量计算必须根据招标文件和施工图所规定的工程范围和内容计算，既不能漏项，也不能重复。

（2）划分项目（列出须计算工程量的分部分项工程名称）：按照消耗量定额项目划分。

（3）确定划分工程量计算的顺序。

（4）根据工程量计算规则列出计算式计算工程量。

（5）汇总工程量。

3.5　工程量计算的注意事项

（1）严格按照预算定额规定的计算规则和已经会审的施工图计算工程量，不得任意加大或缩小各部位尺寸。例如，不可将轴线间距作为内墙面装饰长度来进行工程量计算。

（2）为便于校核，以避免重算或漏算，计算工程量时，一定要注明层次、部位、轴线编号等，如三层墙面一般抹灰。

（3）工程量计算公式中的数字应按相同排列次序来写，如底×高，以便于校核，且数字精确到小数点后三位，汇总时，可精确到小数点后两位。

（4）为避免重复或漏算，应按照一定的顺序进行计算。如按定额项目的排列顺序，并按水平方向从左至右计算。

（5）应采用表格方式进行工程量计算，列出计算式，以便审核。

（6）工程量汇总时，计量单位应与定额一致。

第4章 楼地面装饰工程

4.1 整体面层及找平层

整体面层是以建筑砂浆为主要材料，用现场浇筑法做成整片且直接接受各种荷载、摩擦、冲击的表面层。一般分为水泥砂浆面层、水磨石面层、细石混凝土面层、钢筋混凝土面层等。

4.1.1 水泥砂浆楼地面

1. 水泥砂浆楼地面概念

水泥砂浆楼地面是应用较广的一种地面，是直接在现浇混凝土垫层的水泥砂浆找平层上施工的一种传统整体面层。水泥砂浆楼地面属低档地面，造价低，施工方便，但不耐磨，易起砂、起灰。

2. 水泥砂浆楼地面要求

水泥砂浆楼地面宜采用硅酸盐水泥、普通硅酸盐水泥。不同品种、强度等级的水泥严禁混用；砂应采用中粗砂，当采用石屑时，其粒径应为 1～5mm，且含泥量不应大于 3%。水泥砂浆的体积比（强度等级）必须符合设计要求，且体积比应为 1:2，强度等级不应小于 M15。水泥砂浆楼地面示意图如图 4-1 所示，水泥砂浆楼地面构造示意图如图 4-2 所示。

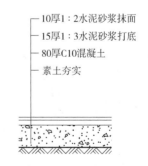

10厚1:2水泥砂浆抹面
15厚1:3水泥砂浆打底
80厚C10混凝土
素土夯实

图 4-1 水泥砂浆楼地面示意图　　图 4-2 水泥砂浆楼地面构造示意图

3. 工程量计算规则

按设计图示尺寸以面积计算。扣除凸出地面构筑物、设备基础、室内铁道、地沟等所占面积，不扣除间壁墙及面积不超过 $0.3m^2$ 的柱、垛、附墙烟囱及孔洞所占面积。门洞、空圈、暖气包槽、壁龛的开口部分不增加面积。

4. 实训练习

【例 4-1】 如图 4-3、图 4-4 所示为某别墅二楼房间整体面层工程（做法：1:2.5 水泥砂浆找平层厚为 30mm；1:1.5 水泥砂浆面层厚为 20mm），墙厚为 240mm。试计算水泥砂浆楼地面工程量并计价。

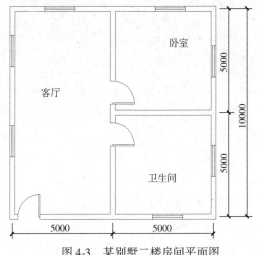

图 4-3 某别墅二楼房间平面图

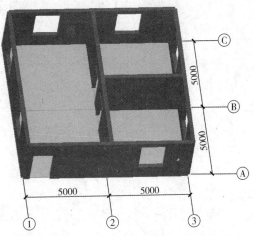

图 4-4 某别墅二楼房间三维图

【解】 1. 清单工程量

清单工程量计算规则：按设计图示尺寸以面积计算。扣除凸出地面构筑物、设备基础、室内铁道、地沟等所占面积，不扣除间壁墙及面积不超过 $0.3m^2$ 的柱、垛、附墙烟囱及孔洞所占面积。门洞、空圈、暖气包槽、壁龛的开口部分不增加面积。

$$S = (5 - 0.24) \times (10 - 0.24) + (5 - 0.24) \times (5 - 0.24) + (5 - 0.24) \times (5 - 0.24)$$
$$= 91.77 \ (m^2)$$

【小贴士】 式中：$(5 - 0.24) \times (10 - 0.24)$ 为客厅面积；$(5 - 0.24) \times (5 - 0.24)$ 为卧室面积；$(5 - 0.24) \times (5 - 0.24)$ 为卫生间面积。

2. 定额工程量

定额工程量与清单工程量相同为 $91.77m^2$。

3. 计价

套《河南省房屋建筑与装饰工程预算定额》（HA-01-31-2016）中子目 11-6 见表 4-1。

表 4-1 找平层及整体面层 （单位：100m²）

定额编号	11-6	11-7	11-8
项目	水泥砂浆楼地面		
	混凝土或硬基层上	填充材料上	每增减 1mm
	20mm		
基价（元）	2557.93	3096.65	74.20

（续）

项目				
其中	人工费（元）	1471.36	1771.53	36.39
	材料费（元）	385.67	477.47	18.36
	机械使用费（元）	67.12	83.90	3.36
	其他措施费（元）	51.22	61.72	1.30
	安文费（元）	111.33	134.16	2.83
	管理费（元）	211.54	254.92	5.37
	利润（元）	121.65	146.60	3.09
	规费（元）	138.04	166.35	3.50

计价：$91.77/100 \times 2557.93 = 2347.41$（元）

4.1.2 细石混凝土楼地面

1. 细石混凝土楼地面概念

细石混凝土楼地面是指直接将细石混凝土铺抹在中间层上的一种传统楼地面做法，其具有强度高，抗裂性、耐磨性、耐久性好，施工简便，造价低等优点。细石混凝土楼地面属于分层构造层次类，一般由底层、中层与面层构成；主要适用于对耐磨性、抗裂性要求较高的厂房车间或公用与民用住宅建筑楼地面面层。

2. 细石混凝土楼地面要求

材料有粗、细骨料，豆石粒径为 0.5~1.2cm，含泥量不大于 3%，砂子为粗砂，含泥量不大于 5%。常温施工宜用 325 号矿渣硅酸盐水泥或普通硅酸盐水泥；冬期施工宜用 425 号水泥。细石混凝土楼地面示意图如图 4-5 所示，细石混凝土楼地面构造示意图如图 4-6 所示。

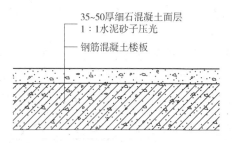

35~50厚细石混凝土面层
1:1水泥砂子压光
钢筋混凝土楼板

图 4-5　细石混凝土楼地面示意图　　　　图 4-6　细石混凝土楼地面构造示意图

3. 工程量计算规则

按设计图示尺寸以面积计算。扣除凸出地面构筑物、设备基础、室内铁道、地沟等所占面积，不扣除间壁墙及面积不超过 0.3m² 的柱、垛、附墙烟囱及孔洞所占面积。门洞、空圈、暖气包槽、壁龛的开口部分不增加面积。

4. 实训练习

【例 4-2】某建筑房间一层如图 4-7、图 4-8 所示，墙厚为 240mm，室内地面采用 120mm 厚的 C15 素混凝土，30mm 厚的细石混凝土楼地面。试计算细石混凝土楼地面工程量并计价。

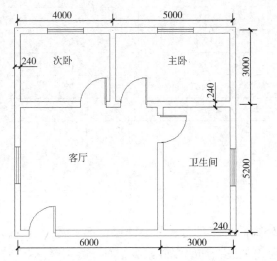

图 4-7 某建筑房间一层平面图

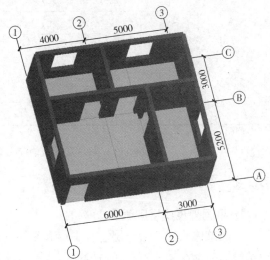

图 4-8 某建筑房间一层三维示意图

【解】1. 清单工程量

清单工程量计算规则：按设计图示尺寸以面积计算。扣除凸出地面构筑物、设备基础、室内铁道、地沟等所占面积，不扣除间壁墙及面积不超过 $0.3m^2$ 的柱、垛、附墙烟囱及孔洞所占面积。门洞、空圈、暖气包槽、壁龛的开口部分不增加面积。

$$S = (6 - 0.24) \times (5.2 - 0.24) + (3 - 0.24) \times (5.2 - 0.24) + (4 - 0.24) \times (3 - 0.24) + (5 - 0.24) \times (3 - 0.24)$$
$$= 65.77 \, (m^2)$$

【小贴士】式中：$(6 - 0.24) \times (5.2 - 0.24)$ 为客厅面积；$(3 - 0.24) \times (5.2 - 0.24)$ 为卫生间面积；$(4 - 0.24) \times (3 - 0.24)$ 为次卧面积；$(5 - 0.24) \times (3 - 0.24)$ 为主卧面积。

2. 定额工程量

定额工程量与清单工程量相同为 $65.77m^2$。

3. 计价

套《河南省房屋建筑与装饰工程预算定额》（HA-01-31-2016）中子目 11-4 见表 4-2。

表 4-2 找平层及整体面层　　（单位：$100m^2$）

定额编号	11-4	11-5
项目	细石混凝土地面找平层	
	30mm	每增减 1mm
基价（元）	3117.47	65.49

（续）

	人工费（元）	1559.46	24.76
	材料费（元）	789.85	26.26
	机械使用费（元）	86.77	2.89
其中	其他措施费（元）	55.07	0.94
	安文费（元）	119.69	2.03
	管理费（元）	227.43	3.87
	利润（元）	130.79	2.22
	规费（元）	148.41	2.52

计价：65.77/100×3117.47 = 2050.36（元）

4.1.3 平面砂浆找平层

1. 平面砂浆找平层概念

一般整体面层分为垫层、找平层和面层（外饰面）三部分，整体面层全部不属于结构。原结构面因存在高低不平或坡度而需进行找平层的铺设，如水泥砂浆、细石混凝土等，有利于在其上面铺设面层或防水、保温层，这就是找平层。

2. 平面砂浆找平层要求

找平层应采用水泥砂浆或水泥混凝土铺设，并应符合有关水泥砂浆整体面层的规定。铺设找平层前，当其下一层有松散填充料时，应予以铺平振实。有防水要求的建筑地面工程，铺设前必须对立管、套管和地漏与楼板之间进行密封处理；排水坡度应符合设计要求。找平层采用碎石或卵石的粒径不应大于其厚度的2/3，含泥量不应大于2%；砂为中粗砂，其含泥量不应大于3%。水泥砂浆体积比或水泥混凝土强度等级应符合设计要求，且水泥砂浆体积比不应小于1:3（或相应的强度等级）；水泥混凝土强度等级不应小于C15。平面砂浆找平层示意图如图4-9所示，平面砂浆找平层构造示意图如图4-10所示。

图4-9 平面砂浆找平层示意图

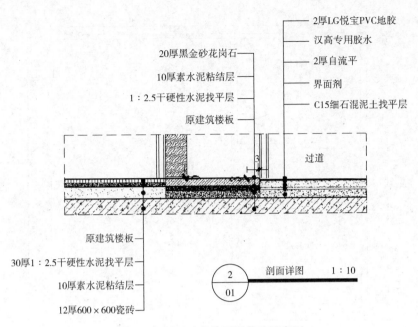

20厚黑金砂花岗石
10厚素水泥粘结层
1∶2.5干硬性水泥找平层
原建筑楼板

2厚LG悦宝PVC地胶
汉高专用胶水
2厚自流平
界面剂
C15细石混泥土找平层

过道

原建筑楼板
30厚1∶2.5干硬性水泥找平层
10厚素水泥粘结层
12厚600×600瓷砖

剖面详图 1∶10

图4-10 平面砂浆找平层构造示意图

3. 计算规则及计算公式

（1）工程量计算规则。按设计图示尺寸以面积计算。扣除凸出地面构筑物、设备基础、室内铁道、地沟等所占面积，不扣除间壁墙及面积不超过 $0.3m^2$ 的柱、垛、附墙烟囱及孔洞所占面积。门洞、空圈、暖气包槽、壁龛的开口部分不增加面积。

（2）计算公式

$$S = \sum (aibi)$$
$$V = SH$$

(4-1)

式中　S——平面砂浆找平层面积（m^2）；

　　　V——平面砂浆找平层体积（m^3）；

　　　H——找平层厚度（m）；

　　ai, bi——各找平层的尺寸（m）。

4. 实训练习

【例4-3】某建筑工程一层如图4-11、图4-12所示，墙厚为240mm，找平层为20mm厚的1∶3水泥砂浆，地面为现浇水磨石面层。试计算现浇水磨石面层工程量并计价。

【解】1. 清单工程量

清单工程量计算规则：按设计图示尺寸以面积计算。扣除凸出地面构筑物、设备基础、室内铁道、地沟等所占面积，不扣除间壁墙及面积不超过 $0.3m^2$ 的柱、垛、附墙烟囱及孔洞所占面积。门洞、空圈、暖气包槽、壁龛的开口部分不增加面积。

$$
\begin{aligned}
S ={}& (4.8 - 0.24) \times (5 - 0.24) + (4.8 - 0.24) \times (5.5 - 0.24) + (3 - 0.24) \times (4.8 - \\
& 0.24) + (4.8 - 0.24) \times (5 + 3 + 5.5 - 0.24) + (2 - 0.24) \times (5.5 - 0.24) + \\
& 0.24 \times (3 - 0.24) + 0.24 \times (5.5 - 0.24) \\
={}& 129.92 \ (m^2)
\end{aligned}
$$

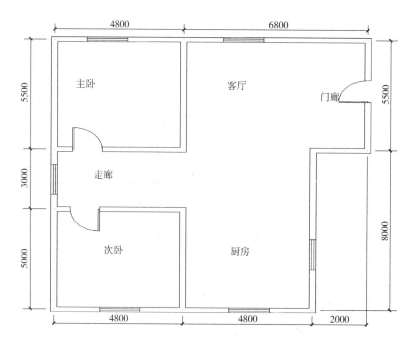

图 4-11　某建筑工程一层平面图

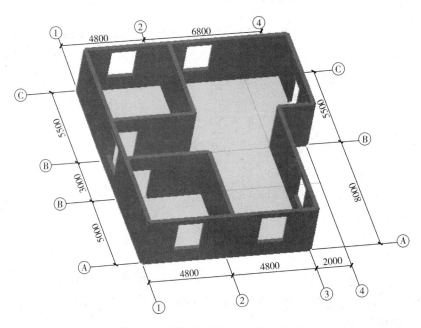

图 4-12　某建筑工程一层三维示意图

【小贴士】式中：$(4.8-0.24)\times(5-0.24)$ 为次卧面积；$(4.8-0.24)\times(5.5-0.24)$ 为主卧面积；$(3-0.24)\times(4.8-0.24)$ 为走廊面积；$(4.8-0.24)\times(5+3+5.5-0.24)$ 为客厅和厨房面积；$(2-0.24)\times(5.5-0.24)$ 为门廊面积；$0.24\times(3-0.24)+0.24\times(5.5-0.24)$ 为走廊尽头、门廊尽头处多减去的面积。

2. 定额工程量

定额工程量同清单工程量。

3. 计价

套《河南省房屋建筑与装饰工程预算定额》（HA-01-31-2016）中子目 11-1 见表 4-3。

表 4-3 找平层及整体面层 （单位：100m²）

定额编号	11-1	11-2	11-3
项目	平面砂浆找平层		
	混凝土或硬基层上	填充材料上	每增减 1mm
	20mm		
基价（元）	2022.71	2442.24	65.42
其中 人工费（元）	1105.06	1320.78	30.20
材料费（元）	369.25	461.05	18.36
机械使用费（元）	67.12	83.90	3.36
其他措施费（元）	38.90	46.59	1.09
安文费（元）	84.54	101.27	2.37
管理费（元）	160.64	192.42	4.51
利润（元）	92.38	110.66	2.59
规费（元）	104.82	125.57	2.94

计价：$129.92/100 \times 2022.71 = 2627.90$（元）

4.1.4 混凝土找平层

1. 混凝土找平层概念

由于建筑物原结构面存在高低不平或坡度，为了找平用混凝土铺设的基层称为混凝土找平层。混凝土找平层的主要作用是为下一道工序提高平整度。可在混凝土找平层上面再铺设面层或防水、保温层，以起到保护、找平的作用。

2. 混凝土找平层要求

找平层如果是采用碎石或卵石制成的水泥混凝土，其粒径不应大于找平层厚度的 2/3，碎石或卵石中的含泥量不应大于 2%，所使用的砂应为中粗砂，含泥量不应大于 3%。水泥砂浆体积比或水泥混凝土的强度等级应符合设计要求，并且水泥砂浆体积比不应小于 1:3（或相应的强度等级），水泥混凝土的强度等级不应小于 C15。找平层的表面应密实，不得有起砂、蜂窝和裂缝等缺陷，与其下一层的结合应牢固，不得有空鼓的现象。在预制混凝土板上铺设找平层时，其板端处应设置防裂构造措施。混凝土找平层示意图如图 4-13 所示，混凝土找平层构造图如图 4-14 所示。

图 4-13 混凝土找平层示意图

3. 工程量计算规则

按设计图示尺寸以面积计算。扣除凸出地面构筑物、设备基础、室内铁道、地沟等所占面积，不扣除间壁墙及面积不超过 0.3m² 的柱、垛、附墙烟囱及孔洞所占面积。门洞、空圈、暖气包槽、壁龛的开口部分不增加面积。

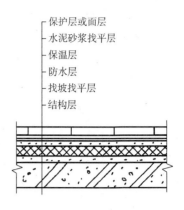

图4-14　混凝土找平层构造图

4. 实训练习

【**例4-4**】某建筑工程二层房间如图4-15、图4-16所示，墙厚为240mm，找平层为30厚的细石混凝土。试计算二层房间（不包括卫生间、厨房）的细石混凝土工程量并计价。

【**解**】1. 清单工程量

清单工程量计算规则：按设计图示尺寸以面积计算。扣除凸出地面构筑物、设备基础、室内铁道、地沟等所占面积，不扣除间壁墙及面积不超过 0.3m² 的柱、垛、附墙烟囱及孔洞所占面积。门洞、空圈、暖气包槽、壁龛的开口部分不增加面积。

$$S = (4.5 - 0.24) \times (5.2 - 0.24) + (6.5 - 0.24) \times (4.5 - 0.24) + (8.2 + 1.5 - 0.24) \times (5 - 0.24) + (2 - 0.24) \times (3 - 0.24) + (1.5 - 0.24) \times (3 - 0.24) + 0.24 \times (2 - 0.24) + 0.24 \times (3 - 0.24)$$

$$= 102.24 \, (\text{m}^2)$$

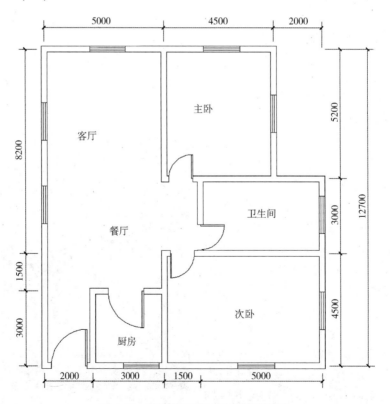

图4-15　某建筑工程二层房间平面图

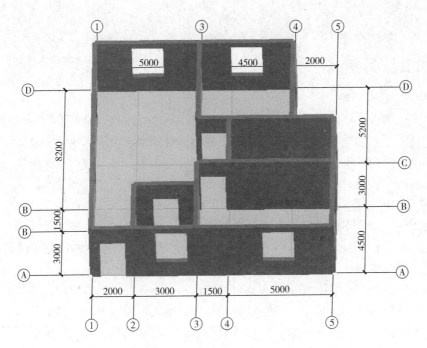

图 4-16　某建筑工程二层房间三维示意图

【小贴士】式中：（4.5 - 0.24）×（5.2 - 0.24）为主卧面积；（6.5 - 0.24）×（4.5 - 0.24）为次卧面积；（8.2 + 1.5 - 0.24）×（5 - 0.24）+（2 - 0.24）×（3 - 0.24）+（1.5 - 0.24）×（3 - 0.24）为客厅和餐厅面积；0.24×（2 - 0.24）+ 0.24×（3 - 0.24）为客厅尽头、餐厅尽头处多减去的面积。

2. 定额工程量

定额工程量同清单工程量。

3. 计价

套《河南省房屋建筑与装饰工程预算定额》（HA-01-31-2016）中子目 11-4 见表 4-20。

表 4-4　找平层及整体面层　　　　（单位：100m²）

定额编号		11-4	11-5
项目		细石混凝土地面找平层	
		30mm	每增减 1mm
基价（元）		3117.47	65.49
其中	人工费（元）	1559.46	24.76
	材料费（元）	789.85	26.26
	机械使用费（元）	86.77	2.89
	其他措施费（元）	55.07	0.94
	安文费（元）	119.69	2.03
	管理费（元）	227.43	3.87
	利润（元）	130.79	2.22
	规费（元）	148.41	2.52

计价：102.24/100×3117.47=3187.30（元）

4.1.5 自流平找平层

1. 自流平找平层概念

自流平为无溶剂、自流平、粒子致密的厚浆型环氧地坪涂料。自流平很好地解决了地板安装中的问题，是一种地面施工技术，它是由多种材料同水混合而成的液态物质，倒入地面后，这种物质可沿高低不平的地面顺势流动，进行自动找平，从而获得高平整度的地坪。水泥自流平地面所用粘贴材料一般使用普通硅酸盐水泥、高铝水泥、硅酸盐水泥等。

2. 自流平找平层要求

水泥砂浆与地面间不能有空壳，水泥砂浆面不能有砂粒，砂浆面应保持清洁，水泥面必须平整（要求在2m范围内高低差小于4mm），地面必须干燥，含水率不超过17度，基层水泥强度不得小于10MPa。

在自流平水泥施工前，必须用打磨机对基础地面进行打磨，磨掉地面的杂质、浮尘和砂粒，把局部高起较多的地平磨平。打磨后扫掉灰尘，用吸尘器吸干净。清洁好地面后，上自流平水泥前必须用表面处理剂处理，按使用要求先将处理剂稀释，用不脱毛的羊毛滚按先横后竖的方式把地面处理剂均匀地涂在地面上。要保证涂抹均匀，不留间隙。涂好处理剂后根据不同厂家产品性能的不同，等待一定时间即可在其上进行自流平水泥的施工。水泥表面处理剂能增大自流平水泥与地面的粘结力，防止自流平水泥的脱壳和开裂。建议地面处理剂涂刷两次。工作区域可稍许通风，但是门窗应封闭好，以避免在施工时和施工后产生气流。在施工时和施工后一周内室内温度应高于地面温度10℃。地面混凝土的相对湿度应小于95%。自流平找平层示意图如图4-17所示，自流平找平层构造图如图4-18所示。

图4-17 自流平找平层示意图

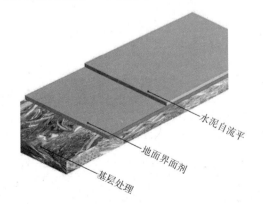

图4-18 自流平找平层构造图

3. 工程量计算规则

按设计图示尺寸以面积计算。扣除凸出地面构筑物、设备基础、室内铁道、地沟等所占面积，不扣除间壁墙及面积不超过0.3m²的柱、垛、附墙烟囱及孔洞所占面积。门洞、空圈、暖气包槽、壁龛的开口部分不增加面积。

4. 实训练习

【例4-5】某建筑工程搭建临时办公室如图4-19、图4-20所示，墙厚为240mm，找平层由水与水泥、石英砂、胶粉等添加剂组成的产品按一定比例混合形成的自流平地面。试计算自流平找平层工程量并计价。

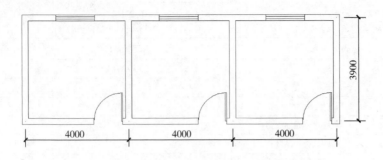

图 4-19 某建筑工程搭建临时办公室平面图

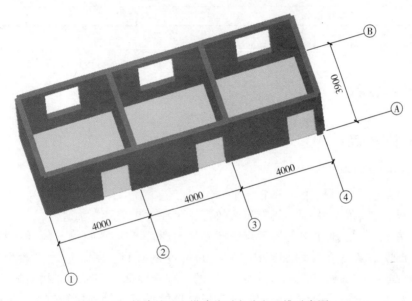

图 4-20 某建筑工程搭建临时办公室三维示意图

【解】1. 清单工程量

清单工程量计算规则：按设计图示尺寸以面积计算。扣除凸出地面构筑物、设备基础、室内铁道、地沟等所占面积，不扣除间壁墙及面积不超过 $0.3m^2$ 的柱、垛、附墙烟囱及孔洞所占面积。门洞、空圈、暖气包槽、壁龛的开口部分不增加面积。

$S = (4 - 0.24) \times (3.9 - 0.24) \times 3 = 41.28(m^2)$

【小贴士】式中：$(4 - 0.24)$ 为办公室净长；$(3.9 - 0.24)$ 为办公室净宽；3 为房间个数。

2. 定额工程量

定额工程量与清单工程量相同为 $41.28m^2$。

3. 计价

套《河南省房屋建筑与装饰工程预算定额》（HA-01-31-2016）中子目 11-9 见表 4-5。

表 4-5　找平层及整体找平层　　　　　　　　　　（单位：100m²）

定额编号		11-9	11-10
项目		水泥基自流平砂浆	
		面层 4mm 厚	每增减 1mm
基价（元）		3546.99	658.76
其中	人工费（元）	1594.13	247.63
	材料费（元）	1272.21	307.80
	机械使用费（元）	13.42	0.39
	其他措施费（元）	53.92	8.32
	安文费（元）	117.20	18.08
	管理费（元）	222.71	34.36
	利润（元）	128.07	19.76
	规费（元）	145.33	22.42

计价：$41.28/100 \times 3546.99 = 1464.19$（元）

4.2　块料面层

4.2.1　石材楼地面

1. 石材楼地面概念

石材楼地面包括大理石楼地面和花岗石楼地面等。

（1）大理石楼地面。大理石具有斑驳纹理，色泽鲜艳美丽。大理石的硬度比花岗石稍差，所以它比花岗石易于雕琢磨光。大理石可根据不同色泽、纹理等组成各种图案。通常在工厂加工成 20～30mm 厚的板材，每块尺寸一般为 300mm×300mm～500mm×500mm 之间。方整的大理石地面，多采用紧拼对缝，接缝不大于 1mm，铺贴后用纯水泥扫缝；不规则形的大理石铺地接缝较大，可用水泥砂浆或水磨石嵌缝。大理石铺砌后，表面应粘贴纸张或覆盖麻袋加以保护，待结合层水泥强度达到 60%～70% 后，方可进行细磨合打蜡。

（2）花岗石楼地面。花岗石是天然石材，一般具有抗拉性能差、密度大、传热快、易产生冲击噪声、开采加工困难、运输不便、价格昂贵等缺点，但是由于它们具有良好的抗压性能和硬度、质地坚实、耐磨、耐久、外观大方稳重等优点，所以至今仍为许多重大工程所使用。

花岗石常加工成条形或块状，厚度较厚，为 50～150mm，其面积尺寸是根据设计进行订货加工的。花岗石在铺设时，相邻两行应错缝，错缝宽度为条石长度的 1/3～1/2。

铺设花岗石地面的基层有两种：一种是砂垫层；另一种是混凝土或钢筋混凝土基层。混凝土或钢筋混凝土表面通常要求用砂或砂浆做找平层，厚度为 30～50mm。砂垫层应在填缝以前进行洒水拍实整平。

2. 石材楼地面要求

施工前检查作业范围的隐蔽工程办理已验收会签，作业面的平整度、垂直度符合设计要求，超出规范要求需进行第二次找平，提出相应措施，由责任单位承担。检查石材的品质情况，规格尺寸应方正，表面应平整光滑，外观颜色有差异的应采取保护措施，进行退换处理。面积大，纹路多，自然色泽变化大的石材在铺贴前，必须进行试铺预排、编号、归类的工艺程序，以使铺排效果的花纹、色泽均匀，纹理顺畅。铺贴前应先找好水平线、垂直线及分格线。铺贴后 24h 内不可踏践或碰撞石材，以免造成破损松动。花岗石地面铺贴应分两道工序进行，首先测量、放线、找平，并配合设备安装敷设管线，待验收完成后，用干性 1:2.5 水泥砂浆铺贴花岗石。石材粘结牢固、无空鼓、缝隙顺直。表面平整度允许偏差为 2mm（4m 以内），不得出现剪口。立面垂直度允许偏差为 3mm（4m 以内）。接缝应平直允许偏差为 3mm（4m 以内）。色泽拼接自然，无生根、无跳色现象。石材楼地面示意图如图 4-21 所示，石材楼地面构造图如图 4-22 所示。

图 4-21　石材楼地面示意图

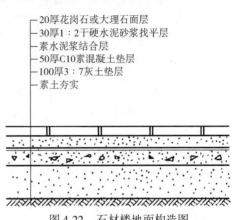

— 20 厚花岗石或大理石面层
— 30 厚 1:2 干硬水泥砂浆找平层
— 素水泥浆结合层
— 50 厚 C10 素混凝土垫层
— 100 厚 3:7 灰土垫层
— 素土夯实

图 4-22　石材楼地面构造图

3. 工程量计算规则

按设计图示尺寸以面积计算。门洞、空圈、暖气包槽、壁龛的开口部分并入相应的工程量内。

4. 实训练习

【例 4-6】某建筑房间如图 4-23、图 4-24 所示，墙厚为 240mm，抹灰厚为 20mm，门的大小尺寸：M1 为 1000mm×2400mm，M2 为 1200mm×2400mm，M3 为 1000mm×2400mm，M4 为 1000mm×2400mm，房间地面铺砌大理石。试计算大理石楼地面工程量并计价。

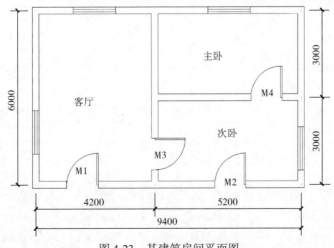

图 4-23　某建筑房间平面图

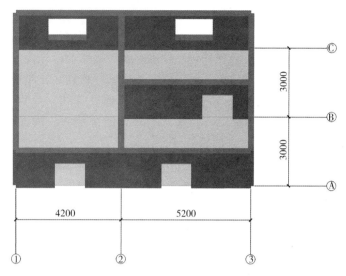

图 4-24 某建筑房间三维示意图

【解】 1. 清单工程量

清单工程量计算规则：按设计图示尺寸以面积计算。门洞、空圈、暖气包槽、壁龛的开口部分并入相应的工程量内。

$$S = (4.2 - 0.24) \times (6 - 0.24) + (5.2 - 0.24) \times (3 - 0.24) \times 2 + (1 + 1.2 + 1 + 1) \times 0.24$$
$$= 51.19 \ (m^2)$$

【小贴士】 式中：$(4.2 - 0.24) \times (6 - 0.24)$ 为客厅面积；$(5.2 - 0.24) \times (3 - 0.24) \times 2$ 为两个卧室的面积；$(1 + 1.2 + 1 + 1) \times 0.24$ 为门洞面积。

2. 定额工程量

定额工程量同清单工程量。

3. 计价

套《河南省房屋建筑与装饰工程预算定额》（HA-01-31-2016）中子目 11-23 见表 4-6。

表 4-6　块料面层　　　　　　　　　　（单位：100m²）

定额编号		11-22	11-23	11-24	11-25
项目		石材楼地面		打胶（100m）	勾缝
		碎拼	精磨		
基价（元）		14917.90	3722.63	860.95	1440.97
其中	人工费（元）	4856.77	2525.93	495.26	619.08
	材料费（元）	7953.06	40.01	159.80	564.52
	机械使用费（元）	67.12	106.62	—	—
	其他措施费（元）	164.94	84.86	16.64	20.80
	安文费（元）	358.51	184.45	36.17	45.21
	管理费（元）	681.22	350.49	68.72	85.90
	利润（元）	391.76	201.56	39.52	49.40
	规费（元）	444.52	228.71	44.84	56.06

计价：$51.19/100 \times 3722.63 = 1905.61$（元）

4.2.2　拼碎石材楼地面

1. 拼碎石材楼地面概念

拼碎大理石楼地面是采用经挑选过的不规则碎块大理石，铺贴在水泥砂浆结合层上，并在拼碎大理石面层的缝隙中铺贴水泥砂浆或石渣浆，经磨平、磨光后，成为整体的地面面层。这种地面别具一格、清新雅致。

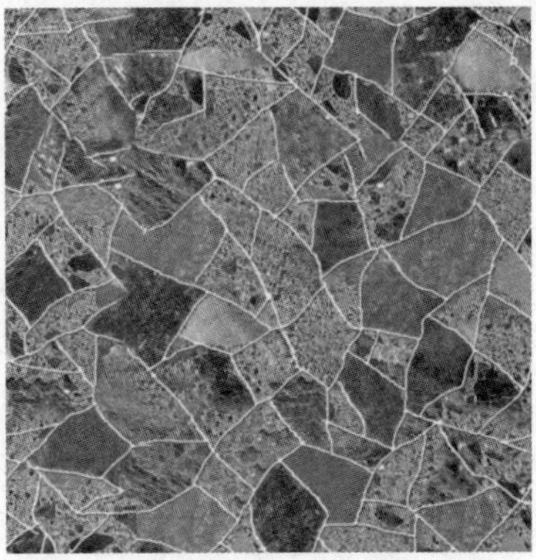

2. 拼碎石材楼地面要求

拼碎大理石应先进行基层处理，洒水湿润基层，在基层上抹 1:3 水泥砂浆找平层，厚度为 20~30mm，在找平层上刷一遍素水泥浆，用 1:2 水泥砂浆铺贴碎大理石标筋，间距为 1.5m，然后铺碎大理石石块，缝隙可用同色水泥色浆嵌抹做成平缝，也可以嵌入彩色水泥石渣浆，大理石铺砌后，表面应粘贴纸张或覆盖麻袋加以保护，待结合层水泥强度达到 60%~70% 后，再进行细磨和打蜡。拼碎石材楼地面示意图如图 4-25 所示，拼碎石材楼地面构造图如图 4-26 所示。

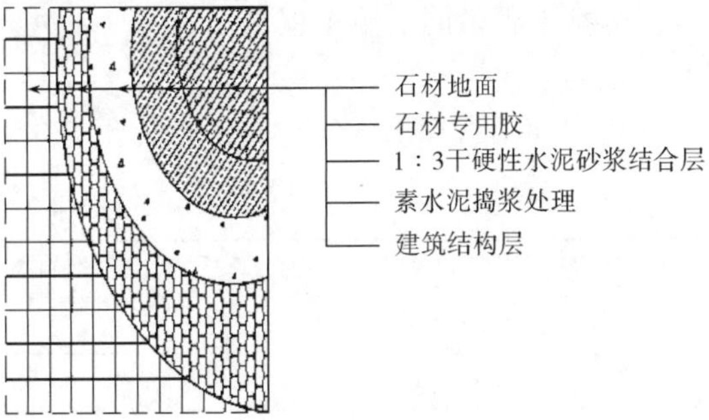

图 4-25　拼碎石材楼地面示意图

石材地面
石材专用胶
1:3 干硬性水泥砂浆结合层
素水泥捣浆处理
建筑结构层

图 4-26　拼碎石材楼地面构造图

3. 工程量计算规则

按设计图示尺寸以面积计算。门洞、空圈、暖气包槽、壁龛的开口部分并入相应的工程量内。

4. 实训练习

【例 4-7】某建筑房间如图 4-27、图 4-28 所示，墙厚为 240mm，门的尺寸大小：M1 为

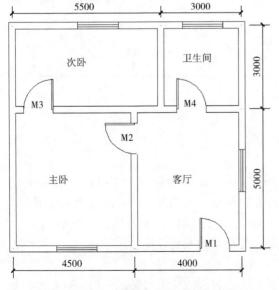

图 4-27　某建筑房间平面图

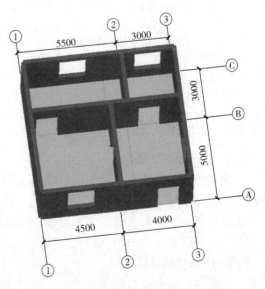

图 4-28　某建筑房间三维示意图

1200mm × 2400mm，M2 为 1200mm × 2400mm，M3 为 900mm × 2400mm，M4 为 1500mm × 2400mm，房间地面采用拼碎石材铺砌。试计算拼碎楼地面工程量并计价。

【解】 1. 清单工程量

清单工程量计算规则：按设计图示尺寸以面积计算。门洞、空圈、暖气包槽、壁龛的开口部分并入相应的工程量内。

$$S = (4.5 - 0.24) \times (5 - 0.24) + (4 - 0.24) \times (5 - 0.24) + (5.5 - 0.24) \times (3 - 0.24) +$$
$$(3 - 0.24) \times (3 - 0.24) + (1.2 + 1.2 + 0.9 + 1.5) \times 0.24$$
$$= 61.46 \, (m^2)$$

【小贴士】 式中：$(4.5 - 0.24) \times (5 - 0.24)$ 为主卧面积；$(4 - 0.24) \times (5 - 0.24)$ 为客厅面积；$(5.5 - 0.24) \times (3 - 0.24)$ 为次卧面积；$(3 - 0.24) \times (3 - 0.24)$ 为卫生间面积；$(1.2 + 1.2 + 0.9 + 1.5) \times 0.24$ 为门洞面积。

2. 定额工程量

定额工程量同清单工程量。

3. 计价

套《河南省房屋建筑与装饰工程预算定额》（HA-01-31-2016）中子目 11-22 见表 4-7。

表 4-7　块料面层　　　　　　　　　　　　（单位：100m²）

定额编号	11-22	11-23	11-24	11-25
项目	石材楼地面		打胶（100m）	勾缝
	碎拼	精磨		
基价（元）	14917.90	3722.63	860.95	1440.97
其中 人工费（元）	4856.77	2525.93	495.26	619.08
材料费（元）	7953.06	40.01	159.80	564.52
机械使用费（元）	67.12	106.62	—	—
其他措施费（元）	164.94	84.86	16.64	20.80
安文费（元）	358.51	184.45	36.17	45.21
管理费（元）	681.22	350.49	68.72	85.90
利润（元）	391.76	201.56	39.52	49.40
规费（元）	444.52	228.71	44.84	56.06

计价：61.46/100 × 14917.90 = 9168.54（元）

4.2.3　块料楼地面

1. 块料楼地面概念

块料楼地面是指由各种不同形状的板块材料（如陶瓷锦砖、缸砖、大理石、花岗石等）铺砌而成的装饰地面。它属于刚性地面，适宜铺在整体性、刚性好的细石混凝土或混凝土预制板基层之上，其特点是花色品种多、耐磨损、易清洁、强度高、刚性大。造价偏高、功效偏低，一般适用于人流活动较大、楼地面磨损频率高的地面及比较潮湿的场所。

2. 块料楼地面要求

铺设前应制作模具以进行选砖，对尺寸偏差较大不符合规定的瓷砖挑选出来可在边角处或非整砖时使用。

（1）基层处理：将尘土、杂物彻底清扫干净，不得有空鼓、开裂及起砂等缺陷。

（2）弹线：施工前在墙体四周弹出标高控制线，在地面弹出十字线，以控制地砖分隔尺寸。

（3）预铺：首先应在图纸设计要求的基础上，对地砖的色彩、纹理、表面平整等进行严格的挑选，然后按照图纸要求预铺。对于预铺中可能出现的尺寸、色彩、纹理误差等进行调整、交换，直至达到最佳效果，按铺贴顺序堆放整齐备用。

（4）铺贴：铺设选用1:3干硬性水泥砂浆，砂浆厚度为25mm左右。铺贴前湿润地砖背面，以正面干燥为宜。把地砖按照要求放在水泥砂浆上，用橡皮锤轻敲地砖饰面直至密实平整达到要求。

（5）勾缝：地砖铺完后24h进行勾缝清理，勾缝前应先将地砖缝隙内杂质擦净，用专用填缝剂勾缝。

（6）清理：施工过程中随干随清，完工后（一般宜在24h之后）再用棉纱等物对地砖表面进行清理。块料地面示意图如图4-29所示，块料地面构造示意图如图4-30所示。

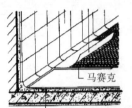

图 4-29　块料地面示意图　　　　图 4-30　块料楼地面构造示意图

3. 工程量计算规则

按设计图示尺寸以面积计算。门洞、空圈、暖气包槽、壁龛的开口部分并入相应的工程量内。

4. 实训练习

【例 4-8】某建筑二层房间平面如图 4-31、图 4-32 所示，墙厚为 240mm，门的大小尺寸：M1 为 1000mm×2100mm，M2 为 1000mm×2100mm，房间地面采用陶瓷锦砖铺砌。试计算块料楼地面工程量并计价。

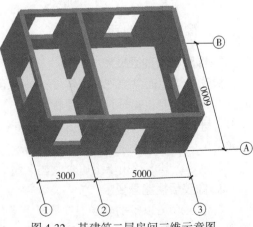

图 4-31　某建筑二层房间平面图　　　　图 4-32　某建筑二层房间三维示意图

【解】1. 清单工程量

清单工程量计算规则：按设计图示尺寸以面积计算。门洞、空圈、暖气包槽、壁龛的开口部分并入相应的工程量内。

$$S = (3 - 0.24) \times (6 - 0.24) + (5 - 0.24) \times (6 - 0.24) + (1 + 1) \times 0.24 = 43.79 \ (m^2)$$

【小贴士】式中：$(3 - 0.24) \times (6 - 0.24)$ 为左侧房间面积；$(5 - 0.24) \times (6 - 0.24)$ 为右侧房间面积；$(1 + 1) \times 0.24$ 为门洞面积。

2. 定额工程量

定额工程量同清单工程量。

3. 计价

套《河南省房屋建筑与装饰工程预算定额》（HA-01-31-2016）中子目 11-40 见表4-8。

表4-8　块料面层　　　　　　　　　　　　　　　　（单位：100m²）

定额编号	11-38	11-39	11-40	11-41
项目	缸砖		陶瓷锦砖	
	勾缝	不勾缝	不拼花	拼花
基价（元）	7252.12	6957.20	9444.38	10952.92
其中　人工费（元）	3564.43	3258.70	4550.66	5582.05
材料费（元）	2116.89	2254.44	2913.04	2961.04
机械使用费（元）	67.12	67.12	67.12	67.12
其他措施费（元）	121.52	111.28	154.65	189.33
安文费（元）	264.13	241.87	336.13	411.51
管理费（元）	501.89	459.59	638.70	781.94
利润（元）	288.63	264.30	367.30	449.68
规费（元）	327.51	299.90	416.78	510.25

计价：43.79/100×9444.38 = 4135.69（元）

4.3　橡塑面层

4.3.1　橡胶板楼地面

1. 橡胶板楼地面概念

橡胶板楼地面以橡胶为主体材料（可含有织物、金属薄板等增强材料），经硫化而制得的具有一定厚度和较大面积的片状产品，简称橡胶板。橡胶板具有较高硬度，物理机械性能一般，可在压力不大，温度为20℃～140℃的空气中工作。橡胶板是由混炼胶经压延贴合成型或挤出成型，用平板硫化机硫化或用鼓式硫化机连续硫化而制成。颜色有黑色、灰色、绿色、蓝色等。其广泛用于工矿企业、交通运输部门及房屋地面等领域。

2. 橡胶板楼地面要求

禁止在10℃以下的现场温度情况下进行安装。所有的底层地面必须是干燥的，扁平的，无裂缝的，构造合理的，并且是干净的。无灰尘、涂料、石蜡、润滑油、油脂、沥青、腐旧的粘合剂和其他外来杂质。橡胶板楼地面采用无缝拼接，拼接接缝平直、光滑、粘结牢固，外观无明显色差。所有的硬化处理、淬水处理和破坏性化合物必须通过机械方法来实现。底层地面的湿度应低于 2.5%，湿度高于 2.5% 的底层地面不推荐使用。若出现此类湿度高于 2.5% 的情况，则应依照工业标准进行防水处理工作。5mm 以内的表面不平度可以底涂后用自流平找平。橡胶板楼地面示意图如图 4-33 所示，橡胶板楼地面构造图如图 4-34 所示。

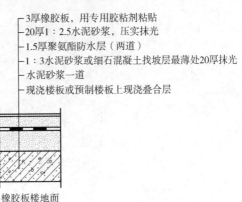

─ 3厚橡胶板，用专用胶粘剂粘贴
─ 20厚1：2.5水泥砂浆，压实抹光
─ 1.5厚聚氨酯防水层（两道）
─ 1：3水泥砂浆或细石混凝土找坡层最薄处20厚抹光
─ 水泥砂浆一道
─ 现浇楼板或预制楼板上现浇叠合层

橡胶板楼地面

图 4-33　橡胶板楼地面示意图　　　　图 4-34　橡胶板楼地面构造图

3. 工程量计算规则

按设计图示尺寸以面积计算。门洞、空圈、暖气包槽、壁龛的开口部分并入相应的工程量内。

4. 实训练习

【例 4-9】某建筑一层房间平面如图 4-35、图 4-36 所示，墙厚为 240mm，门的大小尺寸：M1 为 1200mm×2400mm，M2 为 1000mm×2400mm，M3 为 1000mm×2400mm，房间地面采用橡胶板楼地面（不包括卫生间阳台）。试计算橡胶板楼地面工程量并计价。

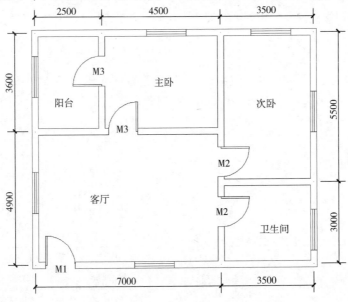

图 4-35　某建筑一层房间平面图

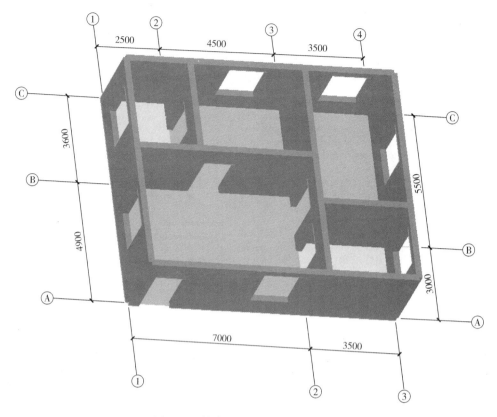

图 4-36 某建筑一层房间三维示意图

【解】1. 清单工程量

清单工程量计算规则：按设计图示尺寸以面积计算。门洞、空圈、暖气包槽、壁龛的开口部分并入相应的工程量内。

$$S = (7 - 0.24) \times (4.9 - 0.24) + (3.5 - 0.24) \times (5.5 - 0.24) + (4.5 - 0.24) \times (3.6 - 0.24) + (1.2 + 1 + 1 + 1 + 1) \times 0.24$$
$$= 64.21 \ (\text{m}^2)$$

【小贴士】式中：$(7 - 0.24) \times (4.9 - 0.24)$ 为客厅面积；$(3.5 - 0.24) \times (5.5 - 0.24)$ 为次卧面积；$(4.5 - 0.24) \times (3.6 - 0.24)$ 为主卧面积；$(1.2 + 1 + 1 + 1 + 1) \times 0.24$ 为门洞面积。

2. 定额工程量

定额工程量同清单工程量。

3. 计价

套《河南省房屋建筑与装饰工程预算定额》（HA-01-31-2016）中子目 11-45 见表 4-9。

表 4-9 橡塑面层 （单位：100m²）

定额编号	11-45	11-46	11-47	11-48
项目	橡胶板	橡胶卷材	塑料板	塑料卷材
基价（元）	7331.94	5910.42	7179.33	12840.03

（续）

其中	人工费（元）	2241.07	1820.10	2633.56	1882.00
	材料费（元）	4159.18	3333.66	3450.66	10175.63
	机械使用费（元）	—	—	—	—
	其他措施费（元）	75.30	61.15	88.50	63.23
	安文费（元）	163.66	132.91	192.36	137.43
	管理费（元）	310.97	252.56	365.52	261.15
	利润（元）	178.84	145.24	210.21	150.18
	规费（元）	202.92	164.80	238.52	170.41

计价：$64.21/100 \times 7331.94 = 4707.83$（元）

4.3.2　橡胶板卷材楼地面

1. 橡胶板卷材楼地面概念

橡胶板卷材楼地面以 PVC 树脂为主要材料，经高温加压与橡胶底层强力粘合而成。其对环境无污染，属于绿色环保产品，具有超强耐磨性，经久耐用，保证长时间色彩稳定。

2. 橡胶板卷材楼地面要求

要求室内温度和地面温度以 15℃为宜，空气相对湿度处于 20%～75%，当温度处于 5℃以下和 30℃以上均不适合施工。基层含水率小于 3%。橡胶卷材背部标注有箭头，卷材侧边一边是光边，一边是毛边。铺设时要保持背部箭头方向一致，侧边要相互重叠搭接，重叠宽度为 30mm。卷材的纵向铺设方向与光线垂直为最佳，铺设后可提高表面直观效果。铺设时通常以进门的直角边为基准，以另一个直角边作为材料的收头，这样可降低损耗，对称拼花铺设时则应以中心线为准。材料接缝处的切割：卷材切割线应距毛边 20mm，距光边 10mm 重叠切割，注意保持切割时力量应一致，保证一刀割断。橡胶板卷材示意图如图 4-37 所示，橡胶板卷材构造示意图如图 4-38 所示。

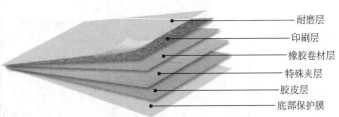

耐磨层
印刷层
橡胶卷材层
特殊夹层
胶皮层
底部保护膜

图 4-37　橡胶板卷材示意图　　　　图 4-38　橡胶板卷材构造示意图

3. 工程量计算规则

按设计图示尺寸以面积计算。门洞、空圈、暖气包槽、壁龛的开口部分并入相应的工程量内。

4. 实训练习

【例 4-10】某体育馆如图 4-39、图 4-40 所示，墙厚为 240mm，门的大小尺寸：M1 为 3600mm×2400mm，M2 为 1800mm×2400mm，场馆内采用橡胶板卷材铺面。试计算橡胶板卷材工程量并计价。

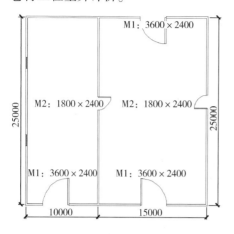

图 4-39 某体育馆平面图

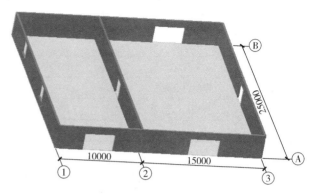

图 4-40 某体育馆三维示意图

【解】1. 清单工程量

清单工程量计算规则：按设计图示尺寸以面积计算。门洞、空圈、暖气包槽、壁龛的开口部分并入相应的工程量内。

$$S = (15 - 0.24) \times (25 - 0.24) + (10 - 0.24) \times (25 - 0.24) + (3.6 \times 3 + 1.8 \times 2) \times 0.24$$
$$= 610.57 \ (m^2)$$

【小贴士】式中：$(15 - 0.24) \times (25 - 0.24)$ 为右侧场馆面积；$(10 - 0.24) \times (25 - 0.24)$ 为左侧场馆面积；$(3.6 \times 3 + 1.8 \times 2) \times 0.24$ 为门洞面积。

2. 定额工程量

定额工程量同清单工程量。

3. 计价

套《河南省房屋建筑与装饰工程预算定额》（HA-01-31-2016）中子目 11-46 见表 4-10。

表 4-10 橡塑面层 （单位：100m²）

	定额编号	11-45	11-46	11-47	11-48
	项目	橡胶板	橡胶卷材	塑料板	塑料卷材
	基价（元）	7331.94	5910.42	7179.33	12840.03
其中	人工费（元）	2241.07	1820.10	2633.56	1882.00
	材料费（元）	4159.18	3333.66	3450.66	10175.63
	机械使用费（元）	—	—	—	—
	其他措施费（元）	75.30	61.15	88.50	63.23
	安文费（元）	163.66	132.91	192.36	137.43
	管理费（元）	310.97	252.56	365.52	261.15
	利润（元）	178.84	145.24	210.21	150.18
	规费（元）	202.92	164.80	238.52	170.41

计价：610.57/100×5910.42 = 36087.25（元）

4.3.3　塑料板楼地面

1. 塑料板楼地面概念

塑料板楼地面，即用塑料材料铺设的地面。塑料板楼地面按其使用状态可分为块材（或地板砖）和卷材（或地板革）两种。按其材质可分为硬质、半硬质和软质（弹性）三种。按其基本原料可分为聚氯乙烯（PVC）塑料、聚乙烯（PE）塑料和聚丙烯（PP）塑料等数种。

2. 塑料板楼地面要求

（1）外观质量。包括颜色、花纹、光泽、平整度和伤裂等状态。一般在 60cm 的距离外，目测不可有凹凸不平、光泽和色调不匀、裂痕等现象。

（2）脚感舒适。要求塑料地板能在长期荷载或疲劳荷载作用下保持较好的弹性恢复率。地面带有弹性，行走感到柔软和舒适。

（3）耐水性。耐冲洗，遇水不变形、失光、褪色等。

（4）尺寸稳定性。对块材地板的尺寸大小有严格的要求。

（5）质量稳定性。控制塑料中低分子挥发物的能力，因其挥发不仅会影响地板质量，而且对人体健康也有影响。质量稳定性是试件在（100±3）℃的恒温鼓风烘箱内 6h 后失重控制在 0.5% 以下的才视为合格。

（6）耐磨性。耐磨性是地板的重要性能指标之一。人流量大的环境，必须选择耐磨性优良的材料。目前，耐磨性的技术指标一般以直径为 110mm 的试件在旋转式泰伯磨耗仪上的磨耗失重在 0.5g/1000r 以下且磨耗体积在 0.2cm/1000r 以下才视为合格。

（7）耐刻划性。表面刻划性试验时会用不同硬度的铅笔，在硬度刻划机中对试件表面进行刻划，且刻划时间要求达到 4h 以上。

（8）阻燃性。塑料在空气中加热容易燃烧、发烟、熔融滴落，甚至产生有毒气体。如聚氯乙烯塑料地板虽具有阻燃性，但一旦燃烧，会分解出氯化氢气体和浓烟，危害人体。考虑应满足消防的要求，应选用阻燃、自熄性塑料地板。

（9）耐腐蚀性和耐污染性。质量差的地板遇化学药品会出现斑点、气泡，受污染时会褪色、失去光泽等，所以必须谨慎选择。

（10）耐久性及其他性能。在大气的作用下，塑料地板可能会出现失光、变少、龟裂及破损等老化现象。耐久性很难一次测定，必须通过长期使用观测。可通过模拟试验，如人工老化加速试验、碳弧灯紫外光照射试验等方法，从白度值的变化和机械强度的衰减来对比和选择。

其他性能，如抗冲击、防滑、导热、抗静电、绝缘等性能也要好。塑料板楼地面示意图如图 4-41 所示，塑料板楼地面构造图如图 4-42 所示。

图 4-41　塑料板楼地面示意图

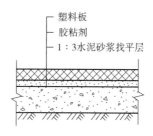

图 4-42　塑料板楼地面构造示意图

3. 工程量计算规则

按设计图示尺寸以面积计算。门洞、空圈、暖气包槽、壁龛的开口部分并入相应的工程量内。

4. 实训练习

【例 4-11】某幼儿园如图 4-43、图 4-44 所示，墙厚为 240mm，门的大小尺寸：M1 为 900mm×2400mm，M2 为 1200mm×2400mm，房间采用塑料板楼地面。试计算塑料板楼地面工程量并计价。

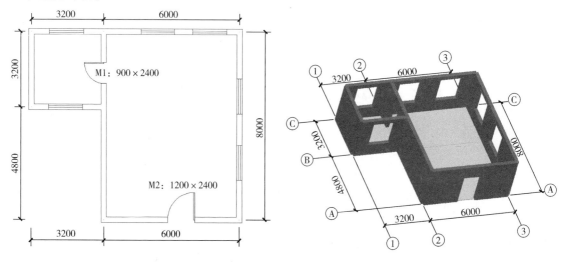

图 4-43　某幼儿园平面图　　　　　　　图 4-44　某幼儿园三维示意图

【解】1. 清单工程量

清单工程量计算规则：按设计图示尺寸以面积计算。门洞、空圈、暖气包槽、壁龛的开口部分并入相应的工程量内。

$$S = (6 - 0.24) \times (8 - 0.24) + (3.2 - 0.24) \times (3.2 - 0.24) + (0.9 + 1.2) \times 0.24$$
$$= 53.96 \ (m^2)$$

【小贴士】式中：（6 - 0.24）×（8 - 0.24）为右侧房间面积；（3.2 - 0.24）×（3.2 - 0.24）为左侧房间面积；（0.9 + 1.2）×0.24 为门洞面积。

2. 定额工程量

定额工程量同清单工程量。

3. 计价

套《河南省房屋建筑与装饰工程预算定额》（HA-01-31-2016）中子目 11-47 见表 4-11。

表 4-11　橡塑面层　（单位：100m²）

定额编号	11-45	11-46	11-47	11-48
项目	橡胶板	橡胶卷材	塑料板	塑料卷材
基价（元）	7331.94	5910.42	7179.33	12840.03
人工费（元）	2241.07	1820.10	2633.56	1882.00
材料费（元）	4159.18	3333.66	3450.66	10175.63
机械使用费（元）	—	—	—	—
其他措施费（元）	75.30	61.15	88.50	63.23
安文费（元）	163.66	132.91	192.36	137.43
管理费（元）	310.97	252.56	365.52	261.15
利润（元）	178.84	145.24	210.21	150.18
规费（元）	202.92	164.80	238.52	170.41

计价：$53.96/100 \times 7179.33 = 3873.96$（元）

4.4　其他材料面层

4.4.1　地毯楼地面

1. 地毯楼地面概念

地毯楼地面是一种高档的地面覆盖材料，具有吸声、隔声、弹性与保温性能好、脚感舒适、美观等特点，同时施工及更新方便。它可以用在木地板上，也可以用于水泥等其他地面上，所以地毯被广泛用于宾馆、住宅等。

2. 地毯楼地面要求

在地毯铺设之前，室内装饰必须完成。室内所有重型设备均已就位并已调试、运转，且经核验全部达到合格标准。铺设地毯的基层，要求表面平整、光滑、洁净，如有油污，需用丙酮或松节油擦净。如为水泥楼面，应具有一定的强度，含水率不大于 8%。地毯、衬垫和胶粘剂等进场后应检查核对数量、品种、规格、颜色、图案等是否符合设计要求，如符合应按其品种、规格分别存放在干燥的仓库或房间内。用前要预铺、配花、编号，待铺设计、按号取用。应事先把需铺设地毯的房间、走道等四周的踢脚线做好。踢脚线下方应离开地面 8mm 左右，以便将地毯毛边掩入踢脚线下。大面积施工前应先放出施工大样，并做样板，经质检部门鉴定合格后方可组织按样板要求施工。地毯楼地面示意图如图 4-45 所示，地毯楼地面构造示意图如图 4-46 所示。

图 4-45　地毯楼地面示意图

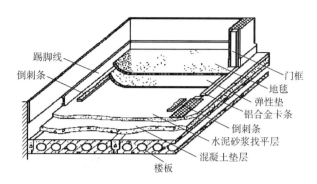

图 4-46　地毯楼地面构造示意图

3. 工程量计算规则

按设计图示尺寸以面积计算。门洞、空圈、暖气包槽、壁龛的开口部分并入相应的工程量内。

4. 实训练习

【例 4-12】某建筑如图 4-47、图 4-48 所示，墙厚为 240mm，门宽大小尺寸：M1 为 1200mm×2400mm，M2 为 1000mm×2400mm，M3 为 900mm×2400mm，房间铺设地毯（不包括厨房、卫生间）。试计算地毯楼地面工程量并计价。

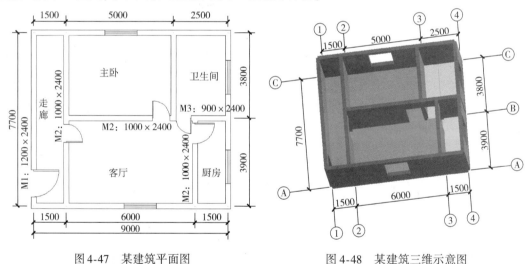

图 4-47　某建筑平面图　　　　　　　图 4-48　某建筑三维示意图

【解】1. 清单工程量

清单工程量计算规则：按设计图示尺寸以面积计算。门洞、空圈、暖气包槽、壁龛的开口部分并入相应的工程量内。

$$S = (6 - 0.24) \times (3.9 - 0.24) + (5 - 0.24) \times (3.8 - 0.24) + (1.5 - 0.24) \times (7.7 - 0.24) + (1 + 1 + 1.2) \times 0.24$$
$$= 48.19 \, (\text{m}^2)$$

【小贴士】式中：$(6 - 0.24) \times (3.9 - 0.24)$ 为客厅面积；$(5 - 0.24) \times (3.8 - 0.24)$ 为主卧面积；$(1.5 - 0.24) \times (7.7 - 0.24)$ 为走廊面积；$(1 + 1 + 1.2) \times 0.24$ 为门洞面积。

2. 定额工程量

定额工程量同清单工程量。

3. 计价

套《河南省房屋建筑与装饰工程预算定额》（HA-01-31-2016）中子目11-49见表4-12。

表4-12 其他材料面层 （单位：100m²）

定额编号	11-49	11-50	11-51
项目	化纤地毯		
	不固定	固定	
		不带垫	带垫
基价（元）	10456.10	12574.49	16124.69
其中 人工费（元）	1397.65	2583.23	3807.34
材料费（元）	8477.42	8981.03	10734.53
机械使用费（元）	—	—	—
其他措施费（元）	46.96	85.28	127.92
安文费（元）	102.06	185.36	278.03
管理费（元）	193.93	352.21	528.31
利润（元）	111.53	202.55	303.82
规费（元）	126.55	229.83	344.74

计价：$48.19/100 \times 10456.10 = 5038.79$（元）

4.4.2 竹、木（复合）地板

1. 竹、木（复合）地板概念

竹木复合地板是以竹材作为主要原料，木材作为辅料，在实木复合地板制作的基础上，采用现代设备以及先进工艺，经过一系列除湿、干燥、防腐、防潮、胶合、高温、高压、刨光等工序加工而成的一种集竹、木两种原料优点的新型地板。

传统竹材地板，其原料全部为竹材。而竹木复合地板的面板和地板虽仍采用竹材，但其芯层却以杉木或樟木等作为板条。这样用竹和木结合在一起制作出来的竹木复合地板，既有竹材地板的优点：外观光洁、明亮、清新、自然，纹理细腻流畅，表层硬度系数高，可与榉木、樱桃木一比；又具有实木复合地板的长处：稳定性能好，铺装方便快捷，适合大面积铺装，节省费用。竹木复合地板在综合了以上两种板材的优点后，其自身还具有脚感舒适、富有弹性，符合老年人和儿童对安全的要求，而且冬暖夏凉、防潮防腐、坚固耐磨、使用寿命长等优点。

竹木复合地板已经在市场上得到认可，正在成为居家住所、宾馆酒店，甚至是体育娱乐场所等室内装饰装修的理想材料。从长远看，竹木复合地板由于其以竹材为主要原料，而我国又是竹材资源大国，因而是非常符合环保概念的一种地面铺材。

2. 竹、木（复合）地板要求

竹、木（复合）地板面层采用条材和块材竹地板，以实铺的方式在基层上铺设。竹子具有纤维硬、密度大、水分少、不易变形等优点，且经严格选材、硫化、防腐、防蛀处理，并采用具有商品检验合格证的产品，其技术等级及质量要求均应符合国家现行行业标准的规定。铺设竹、木（复合）地板面层时，其木格栅的截面尺寸、间距和稳固方法等均应符合设计要求。木格栅固定时，不得损坏基层和预埋管线。木格栅应垫实钉牢，与墙之间应留出 30mm 的缝隙，表面应平直。毛地板铺设时，木材髓心应向上，其板间缝隙不应大于 3mm，与墙之间应留 8 ~ 12mm 的空隙，表面应刨平。竹、木（复合）地板面层铺设时，面板与墙之间应留 8 ~ 12mm 空隙。竹、木（复合）地板面层的允许偏差应符合国家标准《建筑地面工程施工质量验收规范》（GB 50209—2010）的规定。竹、木（复合）地板示意图如图 4-49 所示，竹、木（复合）地板构造示意图如图 4-50 所示。

图 4-49　竹、木（复合）地板示意图

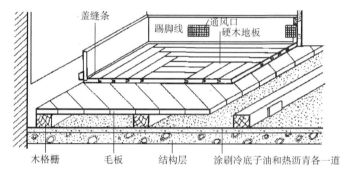

图 4-50　竹、木（复合）地板构造示意图

3. 工程量计算规则

按设计图示尺寸以面积计算。门洞、空圈、暖气包槽、壁龛的开口部分并入相应的工程量内。

4. 实训练习

【例4-13】某建筑如图 4-51、图 4-52 所示，墙厚为 240mm，门宽尺寸大小：M1 为 1000mm × 2400mm，M2 为 1200mm × 2400mm，M3 为 1000mm × 2400mm，房间铺设竹、木（复合）地板（不包括卫生间）。试计算竹、木（复合）地板工程量并计价。

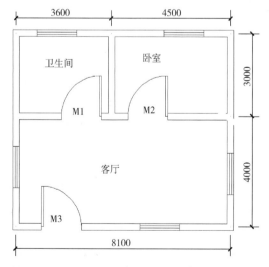

图 4-51　某建筑平面图

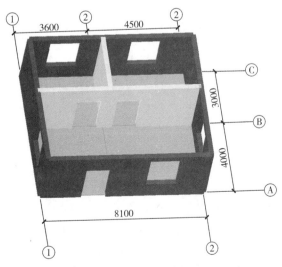

图 4-52　某建筑三维示意图

【解】1. 清单工程量

清单工程量计算规则：按设计图示尺寸以面积计算。门洞、空圈、暖气包槽、壁龛的开口部分并入相应的工程量内。

$$S = (8.1 - 0.24) \times (4 - 0.24) + (4.5 - 0.24) \times (3 - 0.24) + (1 + 1 + 1.2) \times 0.24$$
$$= 42.07 \ (\text{m}^2)$$

【小贴士】式中：$(8.1 - 0.24) \times (4 - 0.24)$ 为客厅面积；$(4.5 - 0.24) \times (3 - 0.24)$ 为卧室面积；$(1 + 1 + 1.2) \times 0.24$ 为门洞面积。

2. 定额工程量

定额工程量同清单工程量。

3. 计价

套《河南省房屋建筑与装饰工程预算定额》（HA-01-31-2016）中子目11-54 见表4-13。

表 4-13 其他材料面层 （单位：100m²）

定额编号		11-54	11-55
项目		条形复合地板	
		铺在水泥地面上	铺在木楞上（单层）
		成品安装不带垫	
基价（元）		40393.40	41792.81
其中	人工费（元）	1837.37	2230.83
	材料费（元）	37792.28	38484.32
	机械使用费（元）	—	150.49
	其他措施费（元）	61.72	74.93
	安文费（元）	134.16	162.86
	管理费（元）	254.92	309.47
	利润（元）	146.60	177.97
	规费（元）	166.35	201.94

计价：42.07/100 × 40393.40 = 16993.50 （元）

4.4.3 金属复合地板

1. 金属复合地板概念

金属复合地板是利用各种复合技术将性能不同的金属在界面上实现冶金结合而形成的复合材料。通过选择合适的材料及合理的结构设计，金属复合地板能够极大地改善单一金属材料的热膨胀性、强度、韧性、耐磨损性、耐腐蚀性、电性能、磁性能等诸多性能。金属复合地板多用于一些特殊场所，如金属弹簧地板可用作舞池地面；激射钢化夹层玻璃地砖，因其抗冲击、耐磨、装饰效果美观的特性，多用于酒店、宾馆、酒吧等娱乐、休闲场所的地面。金属复合地板除了具有结构性和功能性的特征之外，还可以节省贵金属的使用，显著降低各种装备材料的成本。金属复合地板主要包括金属弹簧地板、激光钢化夹层玻璃地砖。金属复合地板示意图如图4-53 所示，金属复合地板构造示意图如图4-54 所示。

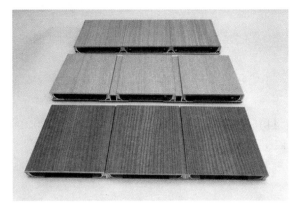

图 4-53　金属复合地板示意图

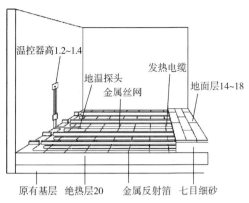

图 4-54　金属复合地板构造示意图

2. 工程量计算规则

按设计图示尺寸以面积计算。门洞、空圈、暖气包槽、壁龛的开口部分并入相应的工程量内。

3. 实训练习

【例 4-14】 某建筑如图 4-55、图 4-56 所示，墙厚为 240mm，门宽尺寸大小：M1 为 2400mm×2700mm，M2 为 1200mm×2400mm，M3 为 1000mm×2400mm，房间铺设铝合金防静电活动地板，试计算铝合金地板工程量并计价。

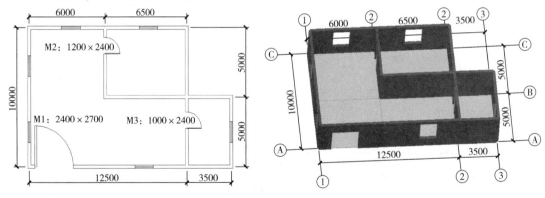

图 4-55　某建筑平面图　　　　　　　图 4-56　某建筑三维示意图

【解】 1. 清单工程量

清单工程量计算规则：按设计图示尺寸以面积计算。门洞、空圈、暖气包槽、壁龛的开口部分并入相应的工程量内。

$$S = (6 - 0.24) \times (10 - 0.24) + (5 - 0.24) \times 6.5 + (6.5 - 0.24) \times (5 - 0.24) + (3.5 - 0.24) \times (5 - 0.24) + (2.4 + 1.2 + 1) \times 0.24$$

$$= 133.57 \ (m^2)$$

【小贴士】 式中：$(6 - 0.24) \times (10 - 0.24) + (5 - 0.24) \times 6.5$ 为左侧房间面积；$(6.5 - 0.24) \times (5 - 0.24)$ 为右上角房间面积；$(3.5 - 0.24) \times (5 - 0.24)$ 为左下角房间面积；$(2.4 + 1.2 + 1) \times 0.24$ 为门洞面积。

2. 定额工程量

定额工程量同清单工程量。

3. 计价

套《河南省房屋建筑与装饰工程预算定额》（HA-01-31-2016）中子目 11-56 见表 4-14。

表 4-14　其他材料面层　　　　　　　　　　　　　（单位：100m²）

定额编号		11-56
项目		铝合金防静电活动地板安装
基价（元）		56066.80
其中	人工费（元）	3630.82
	材料费（元）	50926.50
	机械使用费（元）	—
	其他措施费（元）	121.99
	安文费（元）	265.15
	管理费（元）	503.83
	利润（元）	289.74
	规费（元）	328.77

计价：133.57/100 × 56066.80 = 74888.42（元）

4.5　踢脚线

1. 概念

踢脚线又称踢脚板。踢脚线具有平衡视觉的作用，它们的线形及材质、色彩等视觉效果在室内相互呼应，可以起到较好的美化装饰作用。踢脚线的另一作用是其具有保护功能。踢脚线顾名思义就是脚踢得着的墙面区域，所以容易受到冲击。使用踢脚线可以更好地使墙体和地面之间结合牢固，减少墙体变形，避免外力碰撞造成破坏。另外，踢脚线也比较容易擦洗，如果拖地溅上脏水，擦洗非常方便。踢脚线在家居美观功能上的比重也有相当的比例。它是地面的轮廓线，视线经常会很自然地落在上面，一般踢脚线的高度宜在 120 ~ 150mm 之间。

2. 识图

踢脚线构造示意图及实物图如图 4-57、图 4-58 所示。

3. 工程量计算规则

（1）清单工程量计算规则：按设计图示尺寸以延长米计算。不扣除门洞口的长度，洞口侧壁也不增加。

（2）定额工程量计算规则：按设计图示尺寸以面积计算。

$$S = LH \qquad\qquad (4\text{-}2)$$

式中　S——踢脚线工程量（m²）；

　　　L——踢脚线的高度（m）；

　　　H——踢脚线的长度（m）。

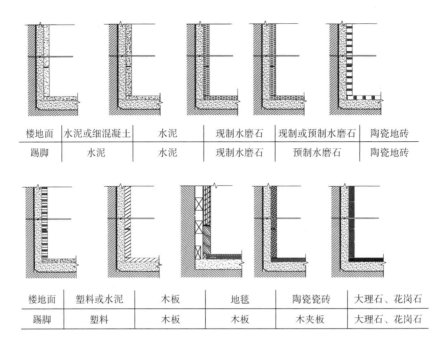

楼地面	水泥或细混凝土	水泥	现制水磨石	现制或预制水磨石	陶瓷地砖
踢脚	水泥	水泥	现制水磨石	预制水磨石	陶瓷地砖

楼地面	塑料或水泥	木板	地毯	陶瓷瓷砖	大理石、花岗石
踢脚	塑料	木板	木板	木夹板	大理石、花岗石

图 4-57 踢脚线构造示意图

图 4-58 踢脚线实物图

4.5.1 水泥砂浆踢脚线

1. 水泥砂浆踢脚线概念

用水泥砂浆抹的踢脚线称为水泥砂浆踢脚线，其优点在于可防止水溅到墙角，也防止水进入墙角，在拖地面时不会把墙弄脏。

2. 水泥砂浆踢脚线要求

清理基层、散水湿润，素水泥浆一道甩毛（内掺建筑胶）。按标高线向下量至踢脚线顶标高，拉通线确定底层灰的厚度，套方、贴灰饼，抹 8mm 厚 1:3 水泥砂浆打底扫毛或划出纹道；用刮板刮平直，搓平、扫毛浇水养护。表面晾干后，待底层硬化，拉通线粘靠尺板，抹 6mm 厚 1:2.5 水泥砂浆罩面压实赶光；用刮板紧靠尺沿垂直地面，用铁抹子压光，阴阳角、踢脚线上口用角抹子溜直压光。完成后，洒水养护保持湿润，防止人员走动，加强保护。

面层标高和厚度符合设计要求。面层与基层粘结牢固，不应有空鼓和裂缝。面层表面应密实压光，无明显脱皮和起砂等质量缺陷。踢脚线顶面采用压条压平，侧面抹面压光。有地漏的房间不应有倒泛水现象，也不能有渗漏。水泥砂浆踢脚线示意图如图 4-59 所示，水泥砂浆踢脚线构造示意图如图 4-60 所示。

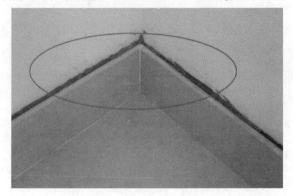

图 4-59　水泥砂浆踢脚线示意图

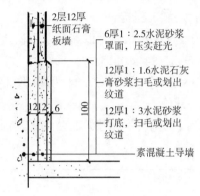

图 4-60　水泥砂浆踢脚线构造示意图

3. 工程量计算规则

（1）清单工程量计算规则：按设计图示尺寸以延长米计算。不扣除门洞口的长度，洞口侧壁也不增加。

（2）定额工程量计算规则：按设计图示长度乘以高度以面积计算。楼梯靠墙踢脚线（含留齿形部分）贴块料按设计图示面积计算。

4. 实训练习

【例 4-15】某办公室二层房间如图 4-61、图 4-62 所示，墙厚为 240mm，房间内踢脚线为水泥砂浆踢脚线，踢脚线高为 150mm，门宽大小尺寸：M1 为 1000mm×2400mm，M2 为 1200mm×2400mm。试计算水泥砂浆踢脚线工程量并计价。

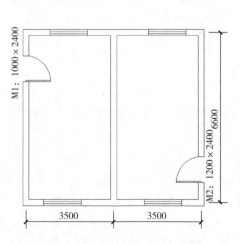

图 4-61　某办公室二层房间平面图

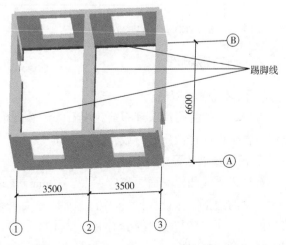

图 4-62　某办公室二层房间三维示意图

【解】1. 清单工程量

清单工程量计算规则：按设计图示尺寸以延长米计算。不扣除门洞口的长度，洞口侧壁也不增加。

$$L = (3.5 - 0.24) \times 4 + (6.6 - 0.24) \times 4 - 1 - 1.2 + 0.24 \times 4 = 37.24 \text{（m）}$$

【小贴士】式中：(3.5 - 0.24) 为房间宽度，图中共有四面这样的墙，故乘以4；(6.6 - 0.24) × 4同理；1 和 1.2 均为门宽；(0.24 × 4) 为洞口侧壁长度。

2. 定额工程量

按设计图示长度乘以高度以面积计算。

$$S = 37.24 \times 0.15 = 5.59 \text{（m}^2\text{）}$$

【小贴士】式中：37.24 为踢脚线的长度，0.15 为踢脚线高度。

3. 计价

套《河南省房屋建筑与装饰工程预算定额》（HA-01-31-2016）中子目 11-57 见表 4-15。

表 4-15　踢脚线　　　　　　　　　　　　　　（单位：100m²）

定额编号	11-57	11-58	11-59	11-60	11-61	11-62
项目	水泥砂浆	石材 水泥砂浆	陶瓷 地面砖	玻璃地砖	缸砖	陶瓷锦砖
基价（元）	7591.27	25251.13	11156.10	25472.13	12167.05	12582.81
其中 人工费（元）	4946.87	5922.12	6399.57	6673.68	7150.37	6982.47
材料费（元）	476.44	16762.57	1991.27	16024.00	1939.36	2592.49
机械使用费（元）	83.90	78.92	78.96	—	78.96	78.96
其他措施费（元）	168.43	201.93	217.10	224.22	242.32	236.70
安文费（元）	366.08	436.94	471.87	487.35	526.68	514.48
管理费（元）	695.61	830.26	896.62	926.05	1000.78	977.59
利润（元）	400.03	477.47	515.63	532.55	575.53	562.20
规费（元）	453.91	541.78	585.08	604.28	653.05	637.92

计价：5.59/100 × 7591.27 = 406.82（元）

4.5.2　石材踢脚线

1. 石材踢脚线概念

石材踢脚线是指用大理石或花岗石等天然石板材作踢脚线。石材踢脚线比较耐用，但一般仅适合于墙面也使用石材或瓷砖的房间。

2. 石材踢脚线要求

石材踢脚线凸出墙面距离应不大于10mm，踢脚线上方最好不要倒边，因石材厚度偏差较大，倒的边不能保证在同一水平。如果地面是地砖，石材踢脚线长度最好与地砖长度一致，保证地面砖缝与踢脚线缝对上，石材如用水泥砂浆粘贴，背面应做防碱背涂处理。石材踢脚线示意图如图 4-63 所示，石材踢脚线构造示意图如图 4-64 所示。

3. 工程量计算规则

按设计图示尺寸以面积计算。

20厚大理石，背面刷
2~3厚YJ-M型建筑胶
粘剂

6厚1:1:6水泥石灰
膏砂浆

6厚1:2水泥砂浆打底，
扫毛或划出纹道

刷（喷）一道107胶水
溶液，胶:水=1:4

素混凝土导墙

轻钢龙骨
石膏板墙

图 4-63　石材踢脚线示意图　　　　　图 4-64　石材踢脚线构造示意图

4. 实训练习

【例4-16】某房屋如图4-65、图4-66所示，墙厚为240mm，室内水泥砂浆粘贴200mm
高石材踢脚线。试计算石材踢脚线工程量并计价。

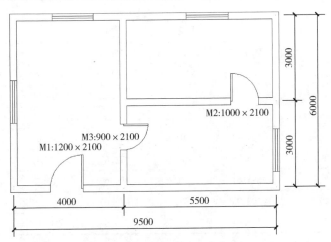

图 4-65　某房屋平面图

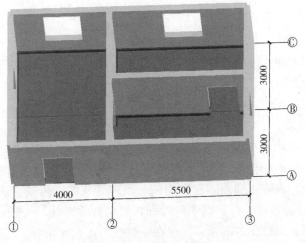

图 4-66　某房屋三维示意图

【解】 1. 清单工程量

清单工程量计算规则：按设计图示尺寸以面积计算。

$$S = [(4 - 0.24 + 6 - 0.24) \times 2 + (5.5 - 0.24 + 3 - 0.24) \times 2 \times 2 - 1.2 - 1 - 0.9 +$$
$$0.24 \times 6] \times 0.2$$
$$= 9.89 \ (m^2)$$

【小贴士】 式中：$(4 - 0.24 + 6 - 0.24) \times 2$ 为左侧房间踢脚线长度；$(5.5 - 0.24 + 3 -$
$0.24) \times 2 \times 2$ 为右侧两个房间踢脚线长度；1.2、1、0.9 均为门宽；0.24×6 洞口侧壁长度；
0.2 为踢脚线高度。

2. 定额工程量

定额工程量同清单工程量。

3. 计价

套《河南省房屋建筑与装饰工程预算定额》（HA-01-31-2016）中子目 11-58 见表 4-16。

表 4-16　踢脚线

（单位：100m²）

定额编号		11-57	11-58	11-59	11-60	11-61	11-62
项目		水泥砂浆	石材	陶瓷 地面砖	玻璃地砖	缸砖	陶瓷锦砖
			水泥砂浆				
基价（元）		7591.27	25251.13	11156.10	25472.13	12167.05	12582.81
其中	人工费（元）	4946.87	5922.12	6399.57	6673.68	7150.37	6982.47
	材料费（元）	476.44	16762.57	1991.27	16024.00	1939.36	2592.49
	机械使用费（元）	83.90	78.92	78.96	—	78.96	78.96
	其他措施费（元）	168.43	201.93	217.10	224.22	242.32	236.70
	安文费（元）	366.08	436.94	471.87	487.35	526.68	514.48
	管理费（元）	695.61	830.26	896.62	926.05	1000.78	977.59
	利润（元）	400.03	477.47	515.63	532.55	575.53	562.20
	规费（元）	453.91	541.78	585.08	604.28	653.05	637.92

计价：$9.89/100 \times 25251.13 = 2497.34$（元）

4.5.3　木质踢脚线

1. 木质踢脚线概念

木质踢脚线分实木和密度板两种，实木的非常少见。木质踢脚线成本较高，效果较好，
安装时要注意气候变化以防日后产生起拱的现象。木质踢脚线视觉感柔和，安装也容易，但
是使用寿命比较短。

2. 木质踢脚线要求

木地板房间的四周墙脚处应设木质踢脚线，踢脚线板高为 100～200mm，常采用高为
150mm、厚为 15～20mm 的规格，所用木材最好与木地板面层所用的材料相同。踢脚线预先
刨光，上口刨成线条。为防止翘曲，在靠墙的一面应开成槽，超过150mm 开三条凹槽，面
上每隔400mm 埋入防腐木砖，在防腐木砖外面再钉防腐木垫块。一般内墙可用冲击电钻打
孔埋入木楔，然后踢脚线钉在木楔处，一般在踢脚线与地面转角处，常用木压条压口或安装

圆角成品木条。也可用踢脚线压着木地板而不再加压口木线条。木质踢脚线应在木地板刨光后安装，踢脚线接缝处作暗榫或斜坡压搓，在 90°转角处可做 45°斜角接缝。接缝一定要处在防腐木块上，安装时，踢脚线与立墙贴紧，上口要平直，用明钉钉牢在防腐木块或木楔上，钉头要砸扁并冲入板内 2 ~ 3mm。如采用 15mm 木夹板作为踢脚线，其结构较简单，但其对接处也应用斜坡压搓。木质踢脚线示意图如图 4-67 所示，木质踢脚线构造示意图如图 4-68 所示。

图 4-67　木质踢脚线示意图

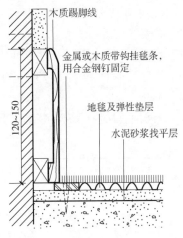

图 4-68　木质踢脚线构造示意图

3. 工程量计算规则

按设计图示尺寸以延长米计算。

4. 实训练习

【例 4-17】某房屋如图 4-69、图 4-70 所示，墙厚为 240mm，踢脚线为高 120mm 的木质踢脚线（不包括卫生间、厨房、阳台），M1 的尺寸为 900mm × 2100mm、M2 的尺寸为 1200mm × 2100mm。试计算木质踢脚线工程量并计价。

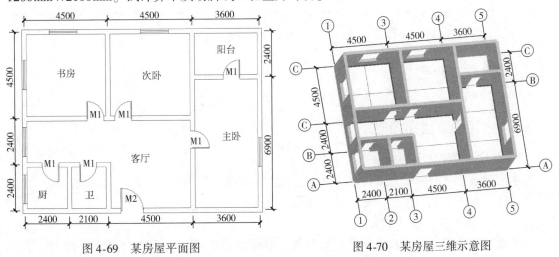

图 4-69　某房屋平面图　　　　　　图 4-70　某房屋三维示意图

【解】1. 清单工程量

清单工程量计算规则：按设计图示尺寸以延长米计算。

$$L = (4.5 - 0.24 + 4.5 - 0.24) \times 2 \times 2 + (2.4 - 0.24 + 2.4 + 2.1 + 4.5 - 0.24) \times 2 +$$
$$(3.6 - 0.24 + 6.9 - 0.24) \times 2 - 0.9 \times 6 - 1.2 + 0.24 \times 14$$
$$= 72.72 \ (m)$$

【小贴士】式中：$(4.5 - 0.24 + 4.5 - 0.24) \times 2 \times 2$ 为书房、次卧踢脚线长度；$(2.4 - 0.24 + 2.4 + 2.1 + 4.5 - 0.24) \times 2$ 为客厅踢脚线长度；$(3.6 - 0.24 + 6.9 - 0.24) \times 2$ 为主卧踢脚线长度；0.9 和 1.2 均为门宽；0.24×14 洞口侧壁长度。

2. 定额工程量

按设计图示长度乘以高度以面积计算。

$$S = 72.72 \times 0.12 = 8.73 \ (m^2)$$

3. 计价

套《河南省房屋建筑与装饰工程预算定额》（HA-01-31-2016）中子目 11-64 见表 4-17。

表 4-17　踢脚线　　　　　　　　　　（单位：100m²）

定额编号		11-63	11-64	11-65	11-66
项目		塑料板	木质踢脚线	金属踢脚线	防静电踢脚线
		粘贴	成品		
基价（元）		14530.78	8698.16	21501.79	18236.99
其中	人工费（元）	3683.53	3889.45	4062.79	3981.44
	材料费（元）	9315.90	3191.78	15750.00	12600.00
	机械使用费（元）	—	—	—	—
	其他措施费（元）	123.76	130.68	136.50	133.80
	安文费（元）	268.99	284.02	296.68	290.81
	管理费（元）	511.13	539.69	563.75	552.58
	利润（元）	293.94	310.37	324.20	317.78
	规费（元）	333.53	352.17	367.87	360.58

计价：8.73/100×8698.16 = 759.35（元）

4.6　楼梯面层

4.6.1　水泥砂浆楼梯面层

1. 水泥砂浆楼梯面层概念

水泥砂浆楼梯面层是直接在现浇混凝土垫层的水泥砂浆找平层上施工的面层，其具有造价低，施工方便，但不耐磨，易起砂、起灰的特点。

2. 水泥砂浆楼梯面层要求

水泥采用硅酸盐水泥、普通硅酸盐水泥，其强度等级不应小于 32.5，不同品种、不同强度等级的水泥严禁混用；砂应为中粗砂，当采用石屑时，其粒径应为 1～5mm，且含泥量不应大于 3%。水泥砂浆面层的体积比（强度等级）必须符合设计要求；且体积比应为 1:2，强度等级不应小于 M15。面层与下一层应结合牢固，无空鼓、裂纹，空鼓面积不应大于 400cm，且每自然间（标准间）不多于 2 处可不计。面层表面的坡度应符合设计要求，不得有倒泛水和积水现象。面层表面应洁净，无裂纹、脱皮、麻面、起砂等缺陷。楼梯踏步的宽度、高度应符合设计要求。楼层梯段相邻踏步高度差不应大于 10mm，每踏步两端宽度差不应大于 10mm；旋转楼梯梯段的每踏步两端宽度的允许偏差为 5mm。楼梯踏步的齿角应整齐，防滑条应顺直。水泥砂浆楼梯面层示意图如图 4-71 所示，水泥砂浆楼梯面层构造示意图如图 4-72 所示。

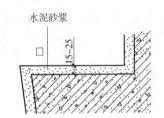

图 4-71 水泥砂浆楼梯面层示意图   图 4-72 水泥砂浆楼梯面层构造示意图

3. 工程量计算规则

按设计图示尺寸以楼梯（包括踏步、休息平台及宽度不大于 500mm 的楼梯井）水平投影面积计算。楼梯与楼地面相连时，算至梯口梁内侧边沿；无梯口梁者，算至最上一层踏步边沿加 300mm。

4. 实训练习

【例 4-18】某建筑物内一楼梯如图 4-73、图 4-74 所示，楼梯为普通水泥砂浆面层。试计算水泥砂浆楼梯面层工程量并计价。

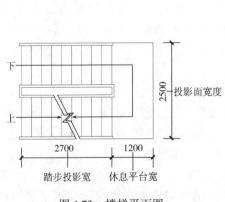

图 4-73 楼梯平面图   图 4-74 楼梯三维示意图

【解】1. 清单工程量

清单工程量计算规则：按设计图示尺寸以楼梯（包括踏步、休息平台及宽度不大于500mm的楼梯井）水平投影面积计算。楼梯与楼地面相连时，算至梯口梁内侧边沿；无梯口梁者，算至最上一层踏步边沿加300mm。

$$S = (2.7 + 1.2) \times 2.5 = 9.75 \, (\text{m}^2)$$

【小贴士】式中：（2.7+1.2）为投影长度；2.5为投影宽度。

2. 定额工程量

定额工程量同清单工程量。

3. 计价

套《河南省房屋建筑与装饰工程预算定额》（HA-01-31-2016）中子目11-67见表4-18。

表 4-18 楼梯面层 （单位：100m²）

定额编号	11-67	11-68	11-69	11-70	11-71
项目	水泥砂浆		石材		陶瓷地面砖
	20mm	每增减1mm	水泥砂浆	弧形楼梯 水泥砂浆	
基价（元）	3821.00	175.56	32097.75	38543.22	15277.92
其中 人工费（元）	2191.12	102.24	5716.45	6859.74	8399.96
材料费（元）	597.61	25.02	23884.91	28685.83	3264.24
机械使用费（元）	91.59	4.54	90.61	109.95	91.59
其他措施费（元）	76.02	3.54	194.43	233.38	284.65
安文费（元）	165.24	7.69	422.59	507.24	618.68
管理费（元）	313.98	14.60	802.99	963.84	1175.60
利润（元）	180.56	8.40	461.79	554.29	676.07
规费（元）	204.88	9.53	523.98	628.95	767.13

计价：$9.75/100 \times 3821.00 = 372.54$（元）

4.6.2 块料楼梯面层

1. 块料楼梯面层概念

块料楼梯面层是以陶制材料及天然石材为主要材料，用建筑砂浆或胶粘剂结合层嵌砌的，可直接接受各种摩擦、冲击的表面层。一般分为方整石面层、红（青）砖面层、棉砖面层、水泥砖面层、混凝土板面层、大理石面层、花岗石面层、水磨石板面层。

2. 块料楼梯面层要求

条石强度等级不小于MU60，形状为矩形六面体，厚度宜为80~120mm。块石强度等级不小于MU30，形状接近于棱柱体、四面体和多面体，底面为截锥体，顶面粗琢平整，底面面积不宜小于顶面面积的60%，厚度为100~150mm。水泥应采用硅酸盐水泥、普通硅酸盐水泥、矿渣硅酸盐水泥，强度等级不小于42.5级。如要求面层为不导电面层时，面层石料应采用灰绿岩加工制成，直缝材料采用灰绿岩加工的砂。砂用于垫层、结合层和灌缝用。砂宜用粗中砂，洁净无杂质，含泥量不大于3%。结合层用水泥砂浆，应由试验室出配合比。沥青胶结料（用于结合层）采用同类沥青与纤维，粉状或纤维和粉状混合的填充料配。纤维填充料宜采用6级石棉和锯木屑，使用前应通过2.5mm筛孔的筛子，石棉含水率不大于

7%，锯木屑的含水率不大于12%。粉状填充料采用磨细的石料，砂或炉灰、粉煤灰、页岩灰和其他的粉状矿物质材料粒径不大于0.3mm。块料楼梯示意图如图4-75所示，块料楼梯构造示意图如图4-76所示。

图 4-75　块料楼梯示意图

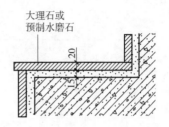

图 4-76　块料楼梯构造示意图

3. 工程量计算规则

按设计图示尺寸以楼梯（包括踏步、休息平台及宽度不大于500mm的楼梯井）水平投影面积计算。楼梯与楼地面相连时，算至梯口梁内侧边沿；无梯口梁者，算至最上一层踏步边沿加300mm。

4. 实训练习

【例4-19】某块料楼梯面层示意图如图4-77、图4-78所示，楼梯为地砖面层水泥砂浆粘贴。试计算块料楼梯面层工程量并计价。

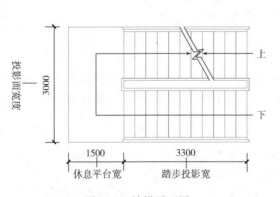

图 4-77　楼梯平面图

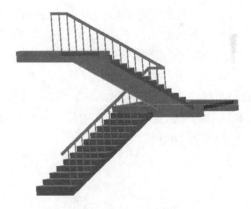

图 4-78　楼梯三维示意图

【解】 1. 清单工程量

清单工程量计算规则：按设计图示尺寸以楼梯（包括踏步、休息平台及宽度不大于500mm的楼梯井）水平投影面积计算。楼梯与楼地面相连时，算至梯口梁内侧边沿；无梯口梁者，算至最上一层踏步边沿加300mm。

$$S = (3.3 + 1.5) \times 3 = 14.4 \ (\text{m}^2)$$

【小贴士】式中：（3.3 + 1.5）为投影长度，3为投影宽度。

2. 定额工程量

定额工程量同清单工程量。

3. 计价

套《河南省房屋建筑与装饰工程预算定额》（HA-01-31-2016）中子目11-71见表4-19。

表4-19　楼梯面层 （单位：100m²）

定额编号	11-67	11-68	11-69	11-70	11-71
项目	水泥砂浆		石材		陶瓷地面砖
	20mm	每增减1mm	水泥砂浆	弧形楼梯 水泥砂浆	
基价（元）	3821.00	175.56	32097.75	38543.22	15277.92
其中　人工费（元）	2191.12	102.24	5716.45	6859.74	8399.96
材料费（元）	597.61	25.02	23884.91	28685.83	3264.24
机械使用费（元）	91.59	4.54	90.61	109.95	91.59
其他措施费（元）	76.02	3.54	194.43	233.38	284.65
安文费（元）	165.24	7.69	422.59	507.24	618.68
管理费（元）	313.98	14.60	802.99	963.84	1175.60
利润（元）	180.56	8.40	461.79	554.29	676.07
规费（元）	204.88	9.53	523.98	628.95	767.13

计价：$14.4/100 \times 15277.92 = 2200.02$（元）

4.6.3　木板楼梯面层

1. 木板楼梯面层概念

采用木板制作的楼梯面为木板楼梯面层。木材制作的楼梯，具有天然独特的纹理、柔和的色泽、脚感舒适、冬暖夏凉，并且是纯天然绿色装饰材料。

2. 木板楼梯面层要求

在进行实木楼梯安装时，间距的大小至关重要。一般来说，楼梯每一级台阶的高度都应相同，误差最好不要超过4cm。同时，楼梯的最高一级台阶与天花板之间的距离不应该小于1.8m，否则就会让人产生压迫感。木板楼梯面层示意图如图4-79所示，木板楼梯面层构造示意图如图4-80所示。

图4-79　木板楼梯面层示意图

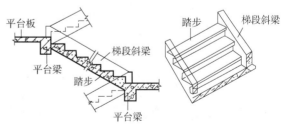

图4-80　木板楼梯面层构造示意图

3. 工程量计算规则

按设计图示尺寸以楼梯（包括踏步、休息平台及宽度不大于500mm的楼梯井）水平投影面积计算。楼梯与楼地面相连时，算至梯口梁内侧边沿；无梯口梁者，算至最上一层踏步边沿加300mm。

4. 实训练习

【例4-20】某木板楼梯面层示意图如图4-81、图4-82所示，楼梯为面层木板。试计算木板楼梯面层工程量并计价。

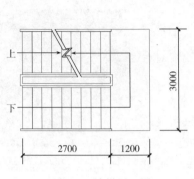

图4-81 楼梯平面图

图4-82 楼梯三维示意图

【解】1. 清单工程量

清单工程量计算规则：按设计图示尺寸以楼梯（包括踏步、休息平台及≤500mm的楼梯井）水平投影面积计算。楼梯与楼地面相连时，算至梯口梁内侧边沿；无梯口梁者，算至最上一层踏步边沿加300mm。

$$S = (2.7 + 1.2) \times 3 = 11.7 \, (\text{m}^2)$$

【小贴士】式中：（2.7 + 1.2）为投影长度，3为投影宽度。

2. 定额工程量

定额工程量同清单工程量。

3. 计价

套《河南省房屋建筑与装饰工程预算定额》（HA-01-31-2016）中子目11-76见表4-20。

表4-20 楼梯面层 （单位：100m²）

	定额编号	11-76	11-77	11-78
	项目	木板面层	橡胶板面层	塑料板面层
	基价（元）	19495.38	10011.62	10562.81
其中	人工费（元）	3917.68	3059.01	3160.07
	材料费（元）	13949.19	5680.56	6088.86
	机械使用费（元）	—	—	—
	其他措施费（元）	131.61	102.80	106.18
	安文费（元）	286.06	223.44	230.79
	管理费（元）	543.56	424.58	438.54
	利润（元）	312.59	244.17	252.20
	规费（元）	354.69	277.06	286.17

计价：11.7/100 × 19495.38 = 2280.95（元）

4.7 台阶装饰

4.7.1 水泥砂浆台阶面

1. 水泥砂浆台阶面概念

一般是指用砖、石、混凝土等筑成的一级一级供人上下的建筑物，多在大门前或坡道上，用水泥砂浆对台阶进行抹面。

2. 水泥砂浆台阶面要求

水泥砂浆的面层总厚度不应小于20mm；面层与混凝土基层应结合牢固，无空鼓、裂缝；面层表面坡度应符合要求，不得有倒积水现象；踏步的宽度、高度应符合设计要求，相邻踏步高差不大于10mm，每踏步两端宽度差不大于10mm；台阶的相邻踏步高度误差应小于10mm。踏步板阴阳角必须做到水平顺直，踏步板坡度为1%，不得出现返坡，且应立板垂直，齿角整齐，防滑条顺直、牢固。台阶平台地面的表面平整度允许偏差为1mm，板材缝隙宽度一致（1mm左右），相邻板材接缝高差不大于0.5mm。平台石材排砖正确，对称铺设。台阶第一步立板必须与平台石材平行，相邻梯段的踏步必须平行，平台石材铺设后必须方正。整个梯段与平台板块成垂直分布。水泥砂浆台阶面示意图如图4-83所示，水泥砂浆台阶面构造图如图4-84所示。

图 4-83 水泥砂浆台阶面示意图

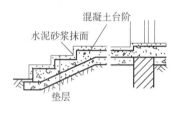

图 4-84 水泥砂浆台阶面构造图

3. 工程量计算规则

按设计图示尺寸以台阶（包括最上层踏步边沿加300mm）水平投影面积计算。

4. 实训练习

【例4-21】某住宅建筑房屋门前上步台阶如图4-85、图4-86所示，台阶为水泥砂浆面层，踏步高为150mm。试计算台阶面层工程量并计价。

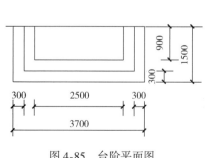

图 4-85 台阶平面图

图 4-86 台阶三维示意图

【解】1. 清单工程量

清单工程量计算规则：按设计图示尺寸以台阶（包括最上层踏步边沿加 300mm）水平投影面积计算。

$S = (3.7 \times 1.5) - (2.5 - 0.3 \times 2) \times (1.5 - 0.3) = 3.27$（$m^2$）

【小贴士】式中：（3.7×1.5）为台阶面积，（$2.5 - 0.3 \times 2$）×（$1.5 - 0.3$）为平台面积。

2. 定额工程量

定额工程量同清单工程量。

3. 计价

套《河南省房屋建筑与装饰工程预算定额》（HA-01-31-2016）中子目 11-79 见表 4-21。

表 4-21　台阶装饰　　　　　　　　　（单位：100m^2）

定额编号	11-79	11-80	11-81	11-82	11-83
项目	水泥砂浆		石材		陶瓷地面砖
	20mm	每增减 1mm	水泥砂浆	弧形台阶	
基价（元）	3667.42	107.49	33886.09	47436.33	10902.54
其中 人工费（元）	2040.49	52.20	5571.63	7801.37	5161.75
材料费（元）	646.78	27.18	25869.27	36207.42	3463.50
机械使用费（元）	99.29	4.94	97.32	138.97	99.29
其他措施费（元）	71.19	1.87	189.75	265.77	176.02
安文费（元）	154.73	4.07	412.42	577.66	382.58
管理费（元）	294.01	7.73	783.66	1097.64	726.96
利润（元）	169.08	4.45	450.67	631.24	418.07
规费（元）	191.85	5.05	511.37	716.26	474.37

计价：$3.27/100 \times 3667.42 = 119.92$（元）

4.7.2　石材台阶面

1. 石材台阶面概念

石材台阶面采用毛面铺地石，在产品表面打制出自然断面、剁斧条纹面、点状如荔枝表皮面或菠萝表皮面效果。材质以花岗石为主。主要产品有铺地石、墙角石等毛面手工石材，厚度大方，耐用性好。常作为铺地石或台阶石使用。

2. 石材台阶面要求

室外台阶面石材铺贴允许偏差表面平整度为 3.0mm，接缝高低差为 2.0mm，踢脚线上口平直为 0.5mm，板块间隙宽度为 1.0mm，缝格平直为 1.0mm。如果有场外加工，要对石材的颜色、花纹进行考察，对石材的放射性要有检测报告。将地面垫层的杂物清理干净，并检查基层有无空鼓现象，如有则用云石机将空鼓部位切除并重新浇筑。垫层上的砂浆要用工具清除，并清扫干净。弹线在基层上弹上十字控制线，控制台阶方正，以防台阶地面石材铺贴时，边角部位出现斜条块。十字控制线要弹在混凝土垫层上，并引至墙面底部，然后依据室内地面标高分别找出面层及台阶踏步标高，平台及台阶自门口向踏步找坡，坡度为 1%。在施工过程中要求在平台及踏步找准标高挂通线，保证面层水平度及坡度，防止出现倒坡现

象。试排在两个垂直方向铺两条干砂带，宽
度大于板块宽度，厚度 3cm 以上，结合施工
大样图及实际尺寸，把大理石、花岗石板块
排好，检查板块之间的缝隙。刷水泥浆及铺
砂浆结合层试排后将干砂和板块移开，清扫
干净，用喷壶洒水润湿，刷一层素水泥浆水
灰比为 0.5，面积不要刷得过大，随铺砂浆
随刷。拉十字控制线鱼线，用 1:3 的干硬性
水泥砂浆铺找平层，干硬程度以手捏成团，
落地即散为宜。铺好后用靠尺板刮平，再用

图 4-87　石材台阶面示意图

抹子拍实找平，以能铺 $3m^2$ 左右的面积为宜。厚度控制在放上大理石、花岗石板块时高出面
层水平线 3~4mm。石材台阶面示意图如图 4-87 所示，石材台阶构造示意图如图 4-88 所示。

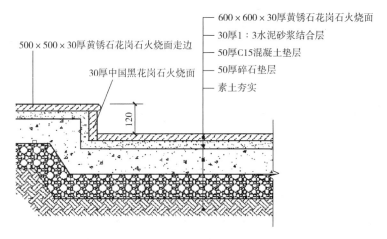

图 4-88　石材台阶构造图

3. 工程量计算规则

按设计图示尺寸以台阶（包括最上层踏步边沿加 300mm）水平投影面积计算。

4. 实训练习

【例 4-22】某住宅建筑房屋门前上步台阶如图 4-89、图 4-90 所示，台阶为石材面层，
踏步高为 150mm。试计算台阶面层工程量并计价。

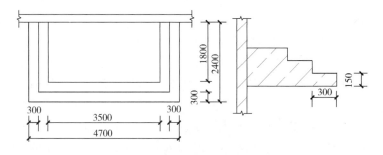

图 4-89　台阶平面图

【解】1. 清单工程量

清单工程量计算规则：按设计图示尺寸以台阶（包括最上层踏步边沿加 300mm）水平投影面积计算。

$$S = (4.7 \times 2.4) - (3.5 - 0.3 \times 2) \times (1.8 - 0.3)$$
$$= 6.93 \ (\text{m}^2)$$

【小贴士】式中：(4.7×2.4) 为台阶面积，$(3.5 - 0.3 \times 2) \times (1.8 - 0.3)$ 为平台面积。

2. 定额工程量

定额工程量同清单工程量。

3. 计价

套《河南省房屋建筑与装饰工程预算定额》（HA-01-31-2016）中子目 11-81 见表 4-22。

台阶

图 4-90　台阶三维示意图

表 4-22　台阶装饰　（单位：100m²）

定额编号	11-79	11-80	11-81	11-82	11-83
项目	水泥砂浆		石材		陶瓷地面砖
	20mm	每增减 1mm	水泥砂浆	弧形台阶	
基价（元）	3667.42	107.49	33886.09	47436.33	10902.54
其中　人工费（元）	2040.49	52.20	5571.63	7801.37	5161.75
材料费（元）	646.78	27.18	25869.27	36207.42	3463.50
机械使用费（元）	99.29	4.94	97.32	138.97	99.29
其他措施费（元）	71.19	1.87	189.75	265.77	176.02
安文费（元）	154.73	4.07	412.42	577.66	382.58
管理费（元）	294.01	7.73	783.66	1097.64	726.96
利润（元）	169.08	4.45	450.67	631.24	418.07
规费（元）	191.85	5.05	511.37	716.26	474.37

计价：$6.93 / 100 \times 33886.09 = 2246.64$ （元）

4.8　零星装饰项目

4.8.1　石材零星项目

1. 石材零星项目概念

石材零星项目是指采用大理石或花岗石作为零星项目的面层。零星项目主要包括小便池、蹲位、池槽、台阶的牵边和侧面装饰，以及面积在 0.5m² 以内且未列项目的工程。台阶石材零星项目如图 4-91 所示，台阶零星构造示意图如图 4-92 所示。

图 4-91 台阶石材零星项目

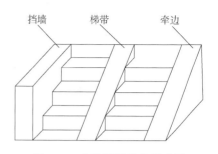

图 4-92 台阶零星构造示意图

2. 清单工程量计算规则

以平方米计量，按设计图示尺寸以面积计算。

3. 实训练习

【例 4-23】 某花岗石台阶平、立面示意图如图 4-93 所示，台阶牵边的材料与其相同。试计算台阶牵边的工程量并计价。

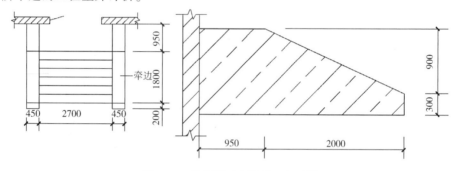

图 4-93 某花岗石台阶平、立面图

【解】 1. 清单工程量

清单工程量计算规则：以平方米计量，按设计图示尺寸以面积计算。

$$S = \left(0.3 + \sqrt{2^2 + 0.9^2} + 0.95\right) \times 0.45 \times 2 = 3.10 \ (\text{m}^2)$$

【小贴士】 式中：$\left(0.3 + \sqrt{2^2 + 0.9^2} + 0.95\right)$ 为台阶牵边长度；0.45 为牵边宽度；2 为牵边个数。

2. 定额工程量

定额工程量同清单工程量。

3. 计价

套《河南省房屋建筑与装饰工程预算定额》（HA-01-31-2016）中子目 11-86 见表 4-23。

表 4-23 零星装饰项目 （单位：100m²）

定额编号	11-85	11-86
项目	水泥砂浆	石材
	20mm	水泥砂浆
基价（元）	5134.22	27494.13

（续）

其中	人工费（元）	3279.41	6978.66
	材料费（元）	386.69	17504.33
	机械使用费（元）	78.96	82.91
	其他措施费（元）	112.27	236.65
	安文费（元）	244.01	514.36
	管理费（元）	463.67	977.37
	利润（元）	266.65	562.07
	规费（元）	302.56	637.78

计价：$3.10/100 \times 27494.13 = 852.32$（元）

4.8.2　水泥砂浆零星项目

1. 水泥砂浆零星项目概念

水泥砂浆零星项目是混凝土基层上用水泥砂浆抹灰做面层的零星工程，其主要包括小便池、蹲位、池槽、台阶的牵边和侧面装饰，以及面积在 $0.5m^2$ 以内且未列项目的工程。

2. 清单工程量计算规则

以平方米计量，按设计图示尺寸以面积计算。

3. 实训练习

【例 4-24】某散水、防滑坡道、明沟、台阶如图 4-94、图 4-95 所示。试计算散水水泥砂浆零星项目的工程量并计价。

【解】1. 清单工程量

清单工程量计算规则：以平方米计量，按设计图示尺寸以面积计算。

$S = [(12 + 0.24 + 6 + 0.24) \times 2 + 0.8 \times 4 - 2.4 - 3] \times 0.8 = 27.80（m^2）$

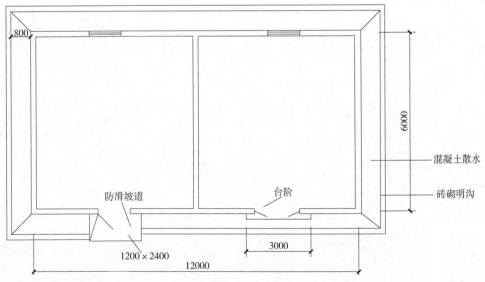

图 4-94　某散水、防滑坡道、明沟、台阶图

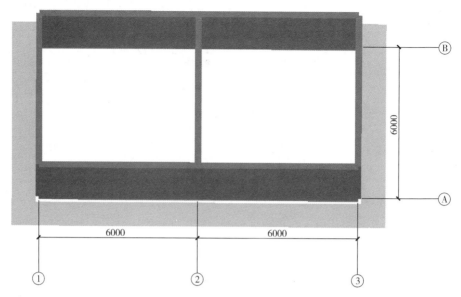

图 4-95 某散水、防滑坡道、明沟、台阶三维示意图

【小贴士】式中：（12 + 0.24 + 6 + 0.24）× 2 为外墙的周长；0.8 × 4 为四个散水的总宽；2.4 为防滑坡道的长度；3 为台阶宽；0.8 为散水宽度。

2. 定额工程量

定额工程量同清单工程量。

3. 计价

套《河南省房屋建筑与装饰工程预算定额》（HA-01-31-2016）中子目 11-85 见表 4-24。

表 4-24 零星装饰项目　　　　　　　　　　（单位：100m²）

定额编号		11-85	11-86
项目		水泥砂浆	石材
		20mm	水泥砂浆
基价（元）		5134.22	27494.13
其中	人工费（元）	3279.41	6978.66
	材料费（元）	386.69	17504.33
	机械使用费（元）	78.96	82.91
	其他措施费（元）	112.27	236.65
	安文费（元）	244.01	514.36
	管理费（元）	463.67	977.37
	利润（元）	266.65	562.07
	规费（元）	302.56	637.78

计价：27.80/100 × 5134.22 = 1427.31（元）

4.9 装配式楼地面及其他

4.9.1 架空地板

1. 架空地板概念

架空地板是一种模块化的活动地板，其在金属的基础支座上安装，支座之间有横向的支撑。活动地板一般是在钢板底上胶粘多层刨花木板，然后再敷贴耐磨层贴砖或聚乙烯贴砖。任何一块方块地板都能活动，以便维护检修或敷设拆除电缆。架空地板常用于计算机房、设备间或大开间办公室。架空地板示意图如图 4-96 所示，架空地板布线如图 4-97 所示。

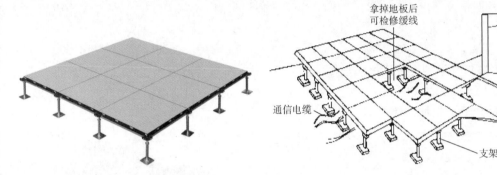

图 4-96 架空地板示意图   图 4-97 高架地板布线

在架空地板下敷设线路的主要目的是为了适应线路及信息插座位置的经常改变，要考虑防止移动通信线路时损坏线缆，因此理想的架空地板下布线方法是使用金属（或塑料）软管，并使用活动的模块化信息安装盒。另外，近年来国内开始生产和使用一种由国外引进的网络地板产品。网络地板就其形态而言，大致可分为以实为主和以虚为主两种：以实为主的产品以特殊的工程材料制成如地板砖型，中间留有走线的沟槽，上以钢板覆盖；以虚为主的产品众多，可以看作是高架活动地板的变形，下以塑料或金属制成的托架支撑，上面覆盖地板。目前地板有金属、工程塑料以及中密度板等制成的产品。

（1）架空地板方式布线的优点。布线灵活方便，可准确的确定信息出口的位置，通常可以将信息出口直接做到办公桌上，重新布线和修改方便。开放式办公环境，尤其是商业性出租的办公区，家具的摆放格局经常发生变化，架空地板布线可以适应这种变化。除此之外，它还具有容易安装施工，操作空间大，能容纳的电缆数量多，美观，隐蔽性好的优点。

（2）架空地板方式布线的缺点。工程初期安装费用高，一般用户不容易接受；房间净高降低，若机房内的恒温、恒湿专用空调采用下送风的方式时，地板下的净空还需加大；承重能力不及建筑地板；在活动地板上行走时会产生共鸣效应，影响工作环境。

2. 架空地板要求

架空地板的品种和质量必须符合设计和厂家产品说明书上的标准。

机械性能：$600mm \times 600mm$ 型板，均布荷载可达到 $2750kg/m^2$，集中荷载可达到 $1000kg$，板中心作用 $300kg$ 集中荷载的挠度在 $2mm$ 以下。

电性能：板的系统电阻为 $1 \times 10^5 \sim 1 \times 10^8 \Omega$，静电起电电压小于 $10V$，半衰期小

于0.5s。

几何尺寸：内边尺寸为-0.25mm，厚度小于0.2mm，相邻边不垂直度小于0.2mm。

表4-25 架空地板地面允许偏差

项次	项目	允许偏差/mm	检验方法
1	表面平整度	0.4	用2m靠尺检查
2	缝格平直	0.3	拉5m线，不足5m拉通线检查
3	接缝高低差	0.3	尺量检查
4	踢脚线上口平直	1	拉5m线，不足5m拉通线检查

3. 清单工程量计算规则

按设计图示尺寸以面积计算。门洞、空圈、暖气包槽、壁龛的开口部分并入相应的工程量内。

4. 实训练习

【例4-25】某学校计算机机房如图4-98、图4-99所示，墙厚为240mm，门宽的大小尺寸：M1为1000mm×2400mm，M2为1200mm×2400mm，房间铺设铝合金防静电活动地板。试计算活动地板工程量并计价。

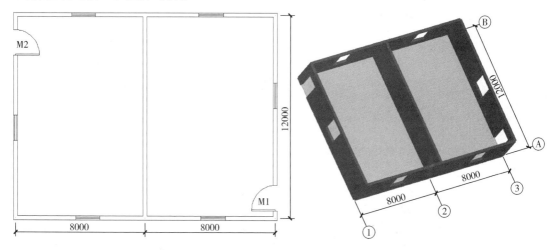

图4-98 某学校计算机房平面图　　　图4-99 某学校计算机房三维示意图

【解】1. 清单工程量

清单工程量计算规则：按设计图示尺寸以面积计算。门洞、空圈、暖气包槽、壁龛的开口部分并入相应的工程量内。

$$S = (8-0.24) \times (12-0.24) + (8-0.24) \times (12-0.24) + (1+1.2) \times 0.24 = 183.04 \ (m^2)$$

【小贴士】式中：$(8-0.24) \times (12-0.24)$ 为左侧房间面积，$(8-0.24) \times (12-0.24)$ 为右侧房间面积，$(1+1.2) \times 0.24$ 为门洞面积。

2. 定额工程量

定额工程量同清单工程量。

3. 计价

套《河南省房屋建筑与装饰工程预算定额》（HA-01-31-2016）中子目11-56见表4-26。

表 4-26　其他材料面层　　　　　　　　　（单位：100m²）

定额编号		11-56
项目		铝合金防静电活动地板安装
基价（元）		56066.80
其中	人工费（元）	3630.82
	材料费（元）	50926.50
	机械使用费（元）	—
	其他措施费（元）	121.99
	安文费（元）	265.15
	管理费（元）	503.83
	利润（元）	289.74
	规费（元）	328.77

计价：$183.04/100 \times 56066.80 = 102624.67$（元）

4.9.2　卡扣式踢脚线

1. 卡扣式踢脚线概念

在墙面上钉上踢脚线卡扣，然后把踢脚线卡上的就是卡扣式踢脚线。卡扣式踢脚线一般由塑钢或者高分子材料制成。其表面光滑，后有扣槽，安装时先把扣条固定在墙脚，然后再把踢脚线扣在扣条上。

2. 卡扣式踢脚线要求

安装踢脚线之前需清除墙面、墙角及墙缝处毛刺、水泥等，要求墙面要平直，缝隙宽度不能超过 3mm，卡扣放在定位尺上，紧贴墙根处，用射钉枪进行固定，卡口的间距在 400mm 左右，离墙角处的 30mm 左右要有一个卡扣，安装所有的卡扣时都应根据卡扣的间距、尺寸来切割阴阳角，然后撕开踢脚线上、下面的保护膜，以便打硅胶封口，之后需要根据尺寸将踢脚线上槽倾斜半挂在卡扣的上口，然后将踢脚线后端稍向上提起再贴墙面并向下按，使卡扣上部凸卡完全进入踢脚线上部的凹槽，同时轻拍踢脚线。卡扣式踢脚线示意图如图 4-100 所示，卡扣式踢脚线构造示意图如图 4-101 所示。

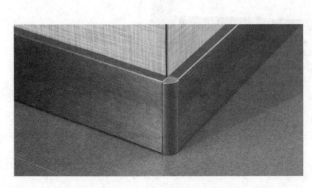

图 4-100　卡扣式踢脚线示意图

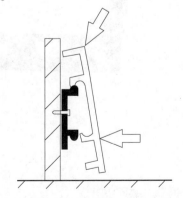

图 4-101　卡扣式踢脚线构造示意图

3. 工程量计算规则

按设计图示尺寸以延长米计算。

4. 实训练习

【**例4-26**】某房屋如图4-102、图4-103所示，墙厚为240mm，踢脚线为150mm宽的卡扣式踢脚线（不包括卫生间、厨房），M1的尺寸为1200mm×2100mm，M2的尺寸为1000mm×2100mm。试计算卡扣式踢脚线工程量。

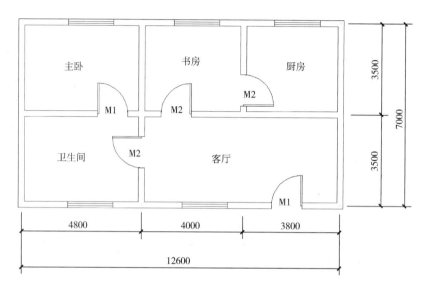

图 4-102　某房屋平面图

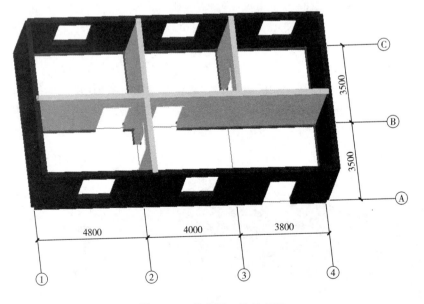

图 4-103　某房屋三维示意图

【**解**】清单工程量计算如下。

清单工程量计算规则：按设计图示尺寸以延长米计算。

$L = (4.8 - 0.24 + 3.5 - 0.24) \times 2 + (4 - 0.24 + 3.5 - 0.24) \times 2 + (4 + 3.8 - 0.24 + 3.5 - 0.24) \times 2 - 1.2 \times 2 - 1 \times 3 + 0.24 \times 10$

$= 48.32 \ (\text{m})$

【小贴士】式中：$(4.8 - 0.24 + 3.5 - 0.24) \times 2$ 为主卧踢脚线长度，$(4 - 0.24 + 3.5 - 0.24) \times 2$ 为书房踢脚线长度，$(4 + 3.8 - 0.24 + 3.5 - 0.24) \times 2$ 为客厅踢脚线长度；1.2×2 和 1×3 均为门宽；0.24×10 为洞口侧壁长度。

第5章 墙、柱面装饰与隔断、幕墙工程

5.1 墙、柱面抹灰

（1）抹灰项目中砂浆配合比与设计不同时，按设计要求调整；设计厚度与定额厚度不同者，按相应增减厚度项目调整。

（2）砖墙中的钢筋混凝土梁、柱侧面抹灰面积大于0.5m²的并入相应墙面项目执行；其面积不超过0.5m²的按零星抹灰项目执行。

（3）抹灰工程的装饰线条适用于门窗套、挑檐、腰线、压顶、遮阳板外边、宣传栏边框等项目的抹灰，以及突出墙面且展开宽度不超过300mm的竖、横线条抹灰。线条展开宽度大于300mm且不超过400mm者，按相应项目乘以系数1.33；展开宽度大于400mm且不超过500mm者，按相应项目系数乘以1.67。

5.1.1 墙、柱面一般抹灰

1. 墙、柱面一般抹灰概念

 墙、柱面一般抹灰是指在建筑物墙面、柱面涂抹石灰砂浆、水泥砂浆、水泥混合砂浆、聚合物水泥砂浆和麻刀石灰浆、纸筋石灰浆、石膏灰浆等。抹灰工程一般均是采用多遍成活，从结构上可分为底层、中层、面层，如图5-1所示。

一般抹灰的表面质量应符合下列规定：普通抹灰表面应光滑、洁净，接槎平整，分格线清晰，如图5-2所示；高级抹灰表面应光滑、颜色均匀、无抹痕，线角及灰线平直方正，分格线清晰、美观。

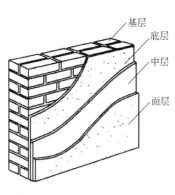

图5-1 一般抹灰构造示意图

图5-2 一般抹灰墙面

2. 清单工程量计算规则

按设计图示尺寸以面积计算。扣除墙裙、门窗洞口及单个面积大于 0.3m^2 的孔洞面积，不扣除踢脚线、挂镜线和墙与构件交接处的面积，门窗洞口和孔洞的侧壁及顶面不增加面积；附墙柱、梁、垛、烟囱侧壁并入相应的墙面面积内；展开宽度大于 300mm 的装饰线条，按图示尺寸以展开面积并入相应墙面、墙裙内。

3. 实训练习

【例 5-1】某房屋如图 5-3、图 5-4 所示，墙高为 3m，墙厚为 240mm，门的尺寸为 $900\text{mm} \times 2100\text{mm}$，窗的尺寸为 $2000\text{mm} \times 1800\text{mm}$。计算该房屋外墙一般抹灰工程量。

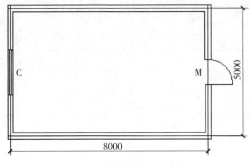

图 5-3 某房屋平面图

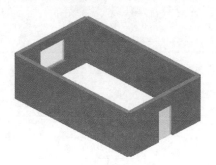

图 5-4 某房屋三维示意图

【解】清单工程量计算如下。

清单工程量计算规则：按设计图示尺寸以面积计算。

$$S = (5 + 0.24 + 8 + 0.24) \times 2 \times 3 - 1.5 \times 1.8 - 0.9 \times 2.1 = 76.29(\text{m}^2)$$

【小贴士】式中：$(5 + 0.24 + 8 + 0.24) \times 2$ 为外墙面长度，1.5×1.8 为窗所占面积，0.9×2.1 为门所占面积。

【例 5-2】某房屋如图 5-5、图 5-6 所示，墙高为 3m，墙厚为 240mm，M1 尺寸为 900mm × 2100mm，C1 尺寸为 1500mm × 1800mm，C2 尺寸为 2000mm × 1800mm。计算该房屋外墙一般抹灰工程量并计价。

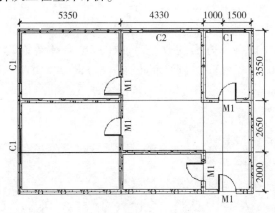

图 5-5 某房屋平面图

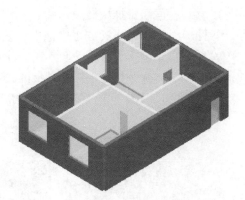

图 5-6 某房屋三维示意图

【解】1. 清单工程量

清单工程量计算规则：按设计图示尺寸以面积计算。

$S = (5.35 + 4.33 + 1 + 1.5 + 0.24 + 2 + 2.65 + 3.55 + 0.24) \times 2 \times 3 - 1.5 \times 1.8 \times 3 - 2 \times 1.8 - 0.9 \times 2.1$

$\quad = 111.57 \ (\mathrm{m}^2)$

【小贴士】式中：$(5.35 + 4.33 + 1 + 1.5 + 0.24 + 2 + 2.65 + 3.55 + 0.24) \times 2 \times 3$ 为外墙面面积；$1.5 \times 1.8 \times 3$ 为 C1 所占面积；2×1.8 为 C2 所占面积；0.9×2.1 为门所占面积。

2. 定额工程量

定额工程量同清单工程量。

3. 计价

套《河南省房屋建筑与装饰工程预算定额》（HA-01-31-2016）中子目 12-2，见表 5-1。

表 5-1　外墙一般抹灰　（单位：100m²）

定额编号		12-1	12-2
项目		内墙	外墙
		(14 + 6) mm	
基价（元）		3124.40	4754.35
其中	人工费（元）	1759.99	2864.63
	材料费（元）	423.02	423.02
	机械使用费（元）	76.20	76.20
	其他措施费（元）	61.15	98.28
	安文费（元）	132.91	213.61
	管理费（元）	299.64	481.57
	利润（元）	206.69	332.18
	规费（元）	164.80	264.86

计价：$111.57/100 \times 4754.35 = 5304.43$（元）

5.1.2　墙、柱面装饰抹灰

1. 墙、柱面装饰抹灰概念

装饰抹灰是通过操作工艺及材料等方面的改进，使抹灰更富有装饰效果，主要包括水刷石（图 5-7）、干粘石（图 5-8）、假面砖（图 5-9）、水陪石、斩假石、拉毛与拉条灰，以及机械喷涂、弹涂、滚涂、彩色抹灰等。

图 5-7　水刷石墙面　　　　图 5-8　干粘石墙面　　　　图 5-9　假面砖墙面

2. 清单工程量计算规则

按设计图示尺寸以面积计算。扣除墙裙、门窗洞口及单个面积大于 0.3m² 的孔洞面积，不扣除踢脚线、挂镜线和墙与构件交接处的面积，门窗洞口和孔洞的侧壁及顶面不增加面积；附墙柱、梁、垛、烟囱侧壁并入相应的墙面面积内；展开宽度大于 300mm 的装饰线条，按图示尺寸以展开面积并入相应墙面、墙裙内。

3. 实训练习

【例 5-3】 某房屋如图 5-10、图 5-11 所示，墙高为 3m，墙厚为 240mm，门的尺寸为 1000mm×2100mm，窗的尺寸为 1500mm×1800mm，内墙装修为装饰抹灰中的彩色抹灰。计算该房屋内墙装饰抹灰工程量。

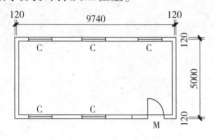

图 5-10　某房屋平面图

图 5-11　某房屋三维示意图

【解】 清单工程量计算如下。

清单工程量计算规则：按设计图示尺寸以面积计算。

$$S = (9.74 - 0.24 + 5 - 0.24) \times 2 \times 3 - 1.5 \times 1.8 \times 5 - 1 \times 2.1$$
$$= 69.96 \ (m^2)$$

【小贴士】 式中：$(9.74 - 0.24 + 5 - 0.24) \times 2 \times 3$ 为内墙面面积，$1.5 \times 1.8 \times 5$ 为窗所占面积，1×2.1 为门所占面积。

【例 5-4】 某建筑如图 5-12、图 5-13 所示，墙高为 3m，墙厚为 240mm，门的尺寸为 1000mm×2100mm，窗的尺寸为 1500mm×1800mm，外墙抹水刷石，12mm 厚 1:3 水泥砂浆打底，素水泥浆两遍，1:2.5 水泥豆石浆。计算该房屋外墙水刷石面层工程量并计价。

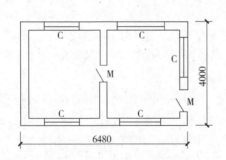

图 5-12　某建筑平面图

图 5-13　某建筑三维示意图

【解】 1. 清单工程量

清单工程量计算规则：按设计图示尺寸以面积计算。

$$S = (6.48 + 4.0) \times 2 \times 3 - 1.5 \times 1.8 \times 5 - 1 \times 2.1$$
$$= 47.28 \ (m^2)$$

【小贴士】式中：（6.48＋4.0）×2×3为外墙面面积，1.5×1.8×5为窗所占面积，1×2.1为门所占面积。

2. 定额工程量

定额工程量同清单工程量。

3. 计价

套《河南省房屋建筑与装饰工程预算定额》（HA-01-31-2016）中子目12-12，见表5-2。

表5-2　外墙装饰抹灰　（单位：100m²）

	定额编号	12-12	12-13	12-14
	项目	水刷石	干粘白石子	斩假石
	基价（元）	5819.30	4898.63	9637.18
其中	人工费（元）	3453.84	2879.48	6049.17
	材料费（元）	626.68	563.05	615.44
	机械使用费（元）	68.69	63.37	68.69
	其他措施费（元）	118.04	98.44	205.24
	安文费（元）	256.56	1213.95	446.10
	管理费（元）	578.40	482.34	1005.70
	利润（元）	298.97	332.71	693.71
	规费（元）	318.12	265.29	553.13

计价：$47.28/100 \times 5819.30 = 2751.37$（元）

5.1.3　墙、柱面勾缝

1. 墙、柱面勾缝概念

墙、柱面勾缝是指对砖墙或砖柱的砖缝加浆勾缝，用水泥砂浆（也可加颜料）进行处理，使其视觉效果明显，同时也保护主体结构。勾缝类型主要有平缝、平凹缝、平凸缝、半圆凹缝、半圆凸缝和三角凸缝等，如图5-14所示。

勾缝常用材料有以下四种：

（1）白水泥。白水泥可分为普通水泥和装饰性水泥，总体颜色比较单一。作为传统的勾缝材料，白水泥的白度低，粘结性差，粉化现象严重，尤其在潮湿环境里容易发霉、发黑，优点是价格便宜。白水泥勾缝如图5-15所示。

（2）腻子粉。腻子粉是一种传统的填缝剂，也可称为粘结剂，主要由水泥和有机聚合物构成。这两种成分都有各自的优点，即水泥具有粘结性好、耐久性好和性价比合理的优点，但拉伸强度和抗裂性较差；而有机聚合物的韧性较好，可以提高腻子的性能。

（3）勾缝剂。勾缝剂主要是由白水泥、颜料以及聚合物构成，表层强度要略高于白水泥。勾缝剂的色彩丰富，但是光泽度不高，一般多用于仿古砖，勾缝效果较好；而对锦砖、马赛克这些类型的砖，勾缝效果较差。勾缝剂清洗起来比较麻烦，所以在施工结束后需要及时清理干净。勾缝剂勾缝如图5-16所示。

（4）美缝剂。美缝剂主要是由聚合物、高档颜料以及微量助化剂等构成，不仅颜色丰富，而且还拥有金色、银色、珠光色、不锈钢色等金属光泽，适合与各种色彩瓷砖搭配。美缝剂的耐磨度高，表面光洁，便于擦洗，时间久了也不会褪色，实用性强。

图 5-14　墙面勾缝

图 5-15　白水泥勾缝

图 5-16　勾缝剂勾缝

2. 清单工程量计算规则

按设计图示尺寸以面积计算。扣除墙裙、门窗洞口及面积大于 $0.3m^2$ 的单个孔洞的面积，不扣除踢脚线、挂镜线和墙与构件交接处的面积，门窗洞口和孔洞的侧壁及顶面不增加面积；附墙柱、梁、垛、烟囱侧壁并入相应的墙面面积内；展开宽度大于 300mm 的装饰线条，按图示尺寸以展开面积并入相应墙面、墙裙内。

3. 实训练习

【例 5-5】某建筑如图 5-17、图 5-18 所示，墙高为 3m，墙厚为 240mm，门的尺寸为 1100mm×2100mm，窗的尺寸为 1500mm×1800mm，内墙做法为瓷砖墙面，贴瓷砖后对其进行勾缝处理。计算该工程内墙勾缝工程量并计价。

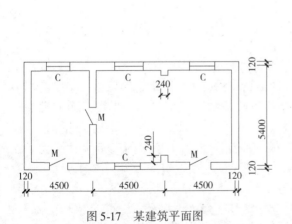

图 5-17　某建筑平面图

图 5-18　某建筑三维示意图

【解】1. 清单工程量

清单工程量计算规则：按设计图示尺寸以面积计算。

$$
\begin{aligned}
S =\ & (5.4 - 0.24 + 4.5 - 0.24 + 0.12 + 0.24 + 0.12 + 4.5 - 0.24 + 5.4 - 0.24 + 4.5 - \\
& 0.24 + 0.12 + 0.24 + 0.12 + 4.5 - 0.24 + 4.5 - 0.24 + 5.4 - 0.24 + 4.5 - 0.24 + \\
& 5.4 - 0.24) \times 3 - 1.5 \times 1.8 \times 4 - 1.1 \times 2.1 \times 2 \\
=\ & 126.06\ (m^2)
\end{aligned}
$$

【小贴士】式中：0.12 + 0.24 + 0.12 为一侧墙垛增加部分，1.5×1.8 为单个窗所占面积，1.1×2.1 为单个门所占面积。

2. 定额工程量

定额工程量同清单工程量。

3. 计价

套《河南省房屋建筑与装饰工程预算定额》（HA-01-31-2016）中子目 11-25，见表 5-3。

表 5-3 内墙勾缝 （单位：100m²）

定额编号		11-22	11-23	11-24	11-25
项目		石材楼地面		打胶（100mm）	勾缝
		碎拼	精磨		
基价（元）		14917.90	3722.63	860.95	1440.97
其中	人工费（元）	4856.77	2525.93	495.26	619.08
	材料费（元）	7953.06	40.01	159.80	564.52
	机械使用费（元）	67.12	106.62	—	—
	其他措施费（元）	164.94	84.86	16.64	20.80
	安文费（元）	358.51	1184045	36.17	45.21
	管理费（元）	681.22	350.49	68.72	85.90
	利润（元）	391.76	201.56	39.52	49.40
	规费（元）	444.52	228.71	44.84	56.06

计价：126.06/100 × 1440.97 = 1816.49（元）

5.1.4 墙、柱面砂浆找平层

1. 墙柱面砂浆找平层概念

墙、柱面在做面层前均需对墙、柱面进行平整度检测，如图 5-19 所示，大多数墙、柱面的平整度比较差。在这种平整度差的墙、柱面上粘贴瓷砖，会增加瓷砖胶的施工厚度，不仅会增加瓷砖胶的用量，而且瓷砖胶过厚会造成瓷砖粘贴质量问题。如果在墙面上批刮腻子，对基层的平整度要求也非常高。所以如果墙、柱面平整度太差，那么不论是选择粘贴瓷砖还是批刮腻子，都需要先在墙、柱面上做砂浆找平层，如图 5-20 所示。墙、柱面找平砂浆找平层主要使用聚合物砂浆，该材料主要采用优质水泥，精选级配骨料，再辅以可再分散乳胶粉等多种聚合添加剂按科学配方精制而成。

图 5-19 平整度检测　　　　　　图 5-20 墙面做砂浆找平层

2. 清单工程量计算规则

按设计图示尺寸以面积计算。扣除墙裙、门窗洞口及面积大于 $0.3m^2$ 的单个孔洞的面积，不扣除踢脚线、挂镜线和墙与构件交接处的面积，门窗洞口和孔洞的侧壁及顶面不增加面积；附墙柱、梁、垛、烟囱侧壁并入相应的墙面面积内；展开宽度大于 300mm 的装饰线条，按图示尺寸以展开面积并入相应墙面、墙裙内。

3. 实训练习

【例5-6】 某建筑如图 5-21、图 5-22 所示，墙高为 3m，墙厚为 240mm，M1 尺寸为 900mm×2100mm，C1 尺寸为 1000mm×1500mm，C2 尺寸为 1500mm×1800mm，外墙面采用陶瓷锦砖面层，铺贴面层前先对墙面进行找平。计算该工程外墙砂浆找平层工程量并计价。

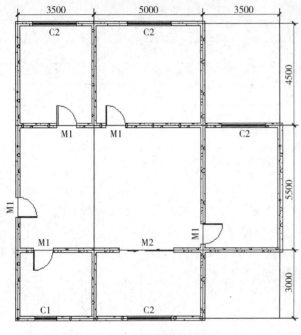

图 5-21 某建筑平面图

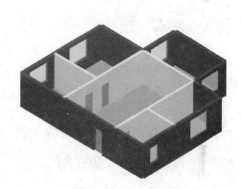

图 5-22 某建筑三维示意图

【解】 1. 清单工程量

清单工程量计算规则：按设计图示尺寸以面积计算。

$$S = (3 + 5.5 + 3 + 0.24 + 3.5 + 5 + 0.24 + 4.5 + 3.5 + 5.5 + 0.24 + 3.5 + 3 + 3.5 + 5 + 0.24) \times 3 - 1 \times 1.5 - 1.5 \times 1.8 \times 4 - 0.9 \times 2.1$$

$$= 134.19 \, (m^2)$$

【小贴士】 式中：3 + 5.5 + 3 + 0.24 + 3.5 + 5 + 0.24 + 4.5 + 3.5 + 5.5 + 0.24 + 3.5 + 3 + 3.5 + 5 + 0.24 为外墙长度，1 × 1.5 为 C1 所占面积，1.5 × 1.8 为单个 C2 所占面积，0.9 × 2.1 为 M1 所占面积。

2. 定额工程量

定额工程量同清单工程量。

3. 计价

套《河南省房屋建筑与装饰工程预算定额》（HA-01-31-2016）中子目 11-1，见表5-4。

表5-4 砂浆找平层 （单位：100m²）

定额编号		11-1	11-2	11-3
项目		平面砂浆找平层		
		混凝土或硬基层上	填充材料上	每增减1mm
		20mm		
基价（元）		2022.71	2442.24	65.42
其中	人工费（元）	1105.06	1320.78	30.20
	材料费（元）	369.25	461.05	18.36
	机械使用费（元）	67.12	83.90	3.36
	其他措施费（元）	38.90	46.59	1.09
	安文费（元）	84.54	101.27	2.37
	管理费（元）	160.64	192.42	4.51
	利润（元）	92.38	110.66	2.59
	规费（元）	104.82	125.57	2.94

计价：134.19/100 × 2022.71 = 2714.27（元）

5.2 零星抹灰

（1）抹灰工程中的零星项目适用于各种壁柜、碗柜、飘窗板、空调搁板、暖气罩、池槽、花台以及面积不超过0.5m²的其他各种零星抹灰。

（2）砖墙中的钢筋混凝土梁、柱侧面抹灰，其面积大于0.5m²的并入相应墙面项目执行；其面积不超过0.5m²的按零星抹灰项目执行。

5.2.1 零星项目一般抹灰

1. 零星项目一般抹灰基础知识

零星项目抹石灰砂浆、水泥砂浆、混合砂浆、聚合物水泥砂浆、麻刀石灰浆、石膏灰浆等按零星项目一般抹灰编码列项，水刷石、斩假石、干粘石、假面砖等按零星项目装饰抹灰编码列项。零星项目一般抹灰如图5-23、图5-24所示。

图5-23 飘窗板抹灰

图5-24 橱柜抹灰

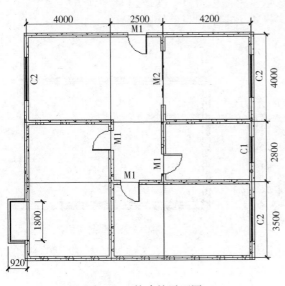

图 5-25　某建筑平面图

2. 清单工程量计算规则

按设计图示尺寸以面积计算。

3. 实训练习

【例 5-7】某建筑如图 5-25、图 5-26 所示，墙厚为 240mm，飘窗洞口尺寸为 1800mm × 1500mm。计算该工程飘窗内抹灰工程量并计价。

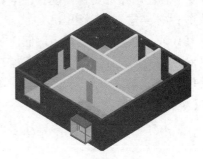

图 5-26　某建筑三维示意图

【解】1. 清单工程量

清单工程量计算规则：按设计图示尺寸以面积计算。

$$S = (0.92 - 0.12) \times 1.8 \times 2 = 2.88 \ (\text{m}^2)$$

【小贴士】式中：（0.92 - 0.12）为飘窗挑出宽度，1.8 为飘窗板长，2 飘窗板个数。

2. 定额工程量

定额工程量同清单工程量。

3. 计价

套《河南省房屋建筑与装饰工程预算定额》（HA-01-31-2016）中子目 12-29，见表 5-5。

表 5-5　零星项目一般抹灰　　　　　　　　　　（单位：100m²）

定额编号		12-29
项目		零星抹灰
基价（元）		10073.83
其中	人工费（元）	6479.43
	材料费（元）	412.30
	机械使用费（元）	74.42
	其他措施费（元）	219.65
	安文费（元）	477.40
	管理费（元）	1076.28
	利润（元）	742.40
	规费（元）	591.95

计价：2.88/100 × 10073.83 = 290.13（元）

5.2.2　零星项目装饰抹灰

1. 零星项目装饰抹灰概念

在各种壁柜、碗柜、飘窗板、空调搁板、暖气罩、池槽、花台以及面积不超过 0.5m² 的其他各种零星项目上涂抹水刷石、干粘石、假面砖、水陪石、斩假石、拉毛与拉条灰，以及机械喷涂、弹涂、滚涂、彩色抹灰等装饰抹灰属于零星项目装饰抹灰。

2. 清单工程量计算规则

按设计图示尺寸以面积计算。

3. 实训练习

【例5-8】某房屋如图5-27、图5-28所示，为方便上层空调外机安装，设有一空调板，周围设维护栏杆，空调板挑出0.55m，长为1.1m，板厚为100mm，为美观空调板底面以及侧立面面层用装饰抹灰水刷石。计算该空调板装饰抹灰工程量并计价。

【解】1. 清单工程量

清单工程量计算规则：按设计图示尺寸以面积计算。

$$S = 1.1 \times 0.55 + 0.55 \times 0.1 \times 2 + 1.1 \times 0.1$$
$$= 0.825 \ (m^2)$$

【小贴士】式中：1.1×0.55 为挡板底面面积，$0.55 \times 0.1 \times 2$ 为短边侧面面积，1.1×0.1 为长边侧面面积。

图5-27　某房屋平面图

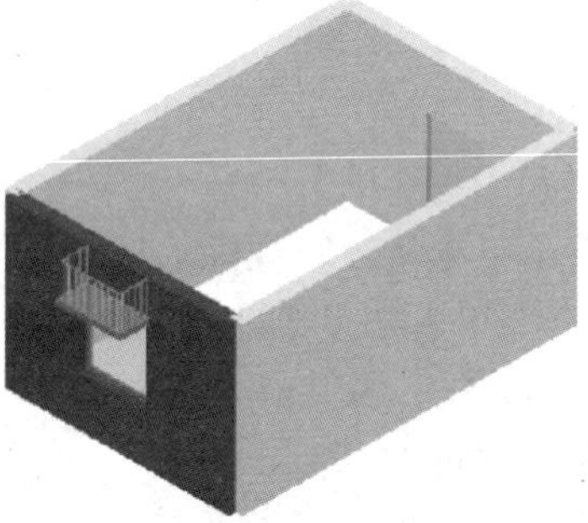

图5-28　某房屋三维示意图

2. 定额工程量

定额工程量同清单工程量。

3. 计价

套《河南省房屋建筑与装饰工程预算定额》（HA-01-31-2016）中子目12-30，见表5-6。

表5-6　零星项目装饰抹灰　　　　　　　　　　　　　（单位：100m²）

定额编号		12-30	12-31	12-32
项目		零星项目		
		水刷石	干粘白石子	斩假石
基价（元）		11978.76	10172.77	14994.35
其中	人工费（元）	7623.97	6454.00	9672.79
	材料费（元）	632.70	566.42	625.07
	机械使用费（元）	69.24	61.59	69.54
	其他措施费（元）	258.18	218.45	327.03
	安文费（元）	261.15	474.81	710.80
	管理费（元）	1265.08	1070.41	1602.44
	利润（元）	872.64	738.36	1105.34
	规费（元）	695.80	588.73	881.34

计价：$0.825/100 \times 11978.76 = 98.82$ （m²）

5.2.3　零星项目砂浆找平层

1. 零星项目砂浆概念层

为方便面层施工，在各种壁柜、碗柜、飘窗板、空调搁板、暖气罩、池槽、花台以及面积不超过 $0.5m^2$ 的其他各种零星项目上做砂浆找平层。

2. 清单工程量计算规则

按设计图示尺寸以面积计算。

3. 实训练习

【例 5-9】某阳台如图 5-29、图 5-30 所示，阳台上有一混凝土花台，花台面层采用白色瓷砖面层，面层施工前需对花台涂抹水泥砂浆找平层进行找平，花台长度随阳台长度，宽度为 240mm，高为 300mm。计算该花台砂浆工程量并计价。

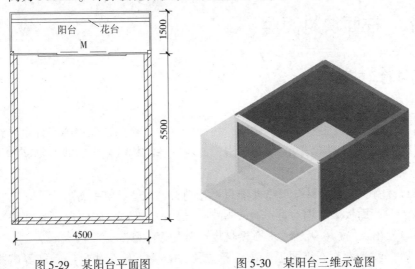

图 5-29　某阳台平面图　　　　图 5-30　某阳台三维示意图

【解】1. 清单工程量

清单工程量计算规则：按设计图示尺寸以面积计算。

$$S = 4.5 \times 0.24 + 4.5 \times 0.3 \times 2 = 3.78(m^2)$$

【小贴士】式中：4.5 为花台长度，0.24 为花台宽度，0.3 为花台高度。

2. 定额工程量

定额工程量同清单工程量。

3. 计价

套《河南省房屋建筑与装饰工程预算定额》（HA-01-31-2016）中子目 11-1，见表 5-7。

表 5-7　砂浆找平层　　　　　　　　　　　　　　　　（单位：100m²）

定额编号	11-1	11-2	11-3
项目	平面砂浆找平层		
	混凝土或硬基层上	填充材料上	每增减 1mm
	20mm		
基价（元）	2022.71	2442.24	65.42

（续）

其中	人工费（元）	1105.06	1320.78	30.20
	材料费（元）	369.25	461.05	18.36
	机械使用费（元）	67.12	83.90	3.36
	其他措施费（元）	38.90	46.59	1.09
	安文费（元）	84.54	101.27	2.37
	管理费（元）	160.64	192.42	4.51
	利润（元）	92.38	110.66	2.59
	规费（元）	104.82	125.57	2.94

计价：$3.78/100 \times 2022.71 = 76.56$（元）

5.3 墙、柱面块料面层

5.3.1 石材墙、柱面

1. 石材墙、柱面概述

石材墙、柱面是指以石材类材料做墙、柱面层，主要作用是保护墙、柱主体结构，增强坚固性、耐久性，延长主体结构的使用年限，改善主体结构的使用功能，提高建筑的艺术效果，美化环境。

常用的石材墙、柱面材料有天然大理石、花岗石、人造石饰面等。

（1）大理石饰面板。大理石是一种变质岩，是由石灰岩变质而成，有纯黑、纯白、纯灰以及各种混杂花纹色彩。天然大理石板材规格分为定型和非定型两类。

（2）花岗石饰面板。花岗石主要由石英、长石和少量云母等矿物组成，因矿物成分的不同而形成不同的色泽和颗粒结晶效果，是各类岩浆岩的统称，如花岗石、安山岩、辉绿岩等。

石材墙、柱面安装施工方法包括干挂法（图5-31～图5-33）、湿贴法（图5-34）、湿挂法（图5-35）、干贴法。干挂法主要有短槽式、背槽式和背栓式。

图5-31 干挂石材墙面

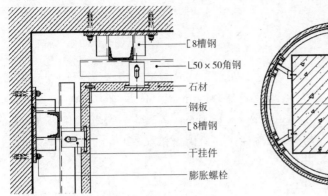

图 5-32 干挂石材墙面节点图

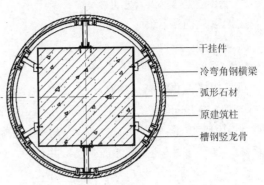

图 5-33 干挂石材柱面构造图

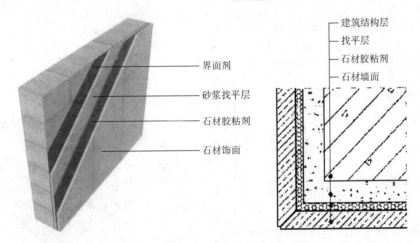

图 5-34 湿贴石材构造图

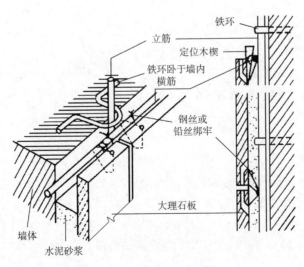

图 5-35 湿挂石材节点图

2. 清单工程量计算规则

按镶贴表面积计算。

3. 实训练习

【例5-10】某建筑如图5-36、图5-37所示，外墙采用背栓式干挂花岗石面层，密缝拼接，石材规格为900mm×900mm，墙高为3m，墙厚为240mm，M1尺寸为900mm×2100mm，M2尺寸为1500mm×2000mm，C1尺寸为1000mm×1500mm，C2尺寸为2000mm×1800mm，C3尺寸为1800mm×2000mm，C4为宽4m的落地窗，窗侧壁铺贴120mm，门侧壁不考虑增加面积。计算该外墙石材墙面工程量并计价。

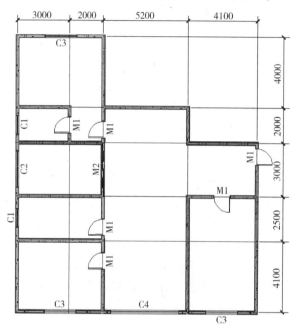

图5-36　某建筑平面图

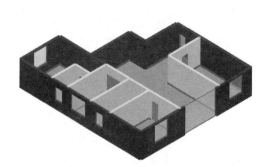

图5-37　某建筑三维示意图

【解】1. 清单工程量

清单工程量计算规则：按镶贴表面积计算。

$S = (3 + 2 + 0.24 + 4 + 5.2 + 2 + 4.1 + 3 + 2.5 + 4.1 + 0.24 + 3 + 2 + 5.2 + 4.1 + 0.24 + 4.1 + 2.5 + 3 + 2 + 4 + 0.24) \times 3 - 0.9 \times 2.1 - 1 \times 1.5 \times 2 + (1 + 1.5) \times 2 \times 2 \times 0.12 - 2 \times 1.8 + (2 + 1.8) \times 2 \times 0.12 - 1.8 \times 2 \times 3 + (1.8 + 2) \times 2 \times 3 \times 0.12 - 4 \times 3 + (4 + 3) \times 2 \times 0.12$

$= 157.52 \ (m^2)$

【小贴士】式中：0.9×2.1 为 M1 所占面积，$1 \times 1.5 \times 2$ 为 C1 所占面积，$(1 + 1.5) \times 2 \times 2 \times 0.12$ 为 C1 侧壁增加面积，2×1.8 为 C2 所占面积，$(2 + 1.8) \times 2 \times 0.12$ 为 C2 侧壁增加面积，$1.8 \times 2 \times 3$ 为 C3 所占面积，$(1.8 + 2) \times 2 \times 3 \times 0.12$ 为 C3 侧壁增加面积，4×3 为 C4 所占面积，$(4 + 3) \times 2 \times 0.12$ 为 C4 侧壁增加面积。

2. 定额工程量

定额工程量同清单工程量。

3. 计价

套《河南省房屋建筑与装饰工程预算定额》（HA-01-31-2016）中子目12-41，见表5-8。

表5-8 石材墙面 （单位：100m²）

定额编号	12-41	12-42	12-43	12-44
项目	背栓式干挂石材			
	1.0m² 以下		1.5m² 以下	1.5m² 以上
	密缝	嵌缝	（3~5cm 厚）	
基价（元）	35942.08	37609.58	33078.96	33312.73
其中 人工费（元）	7708.84	8565.31	777.78	8235.39
材料费（元）	24548.08	24952.69	21583.65	21142.04
机械使用费（元）	20.54	20.12	20.54	20.54
其他措施费（元）	259.01	287.77	261.30	279.69
安文费（元）	562.96	625.46	567.94	601.39
管理费（元）	1269.16	1410.06	1280.37	1355.79
利润（元）	875.45	972.64	883.18	935.21
规费（元）	698.04	775.53	704.20	745.68

计价：157.52/100×35942.08 = 56615.96（m²）

5.3.2 拼碎石材墙、柱面

1. 拼碎石材墙、柱面

拼碎石材墙、柱面是指使用裁切石材剩下的边角余料经过分类加工作为贴面材料，由胶粘剂经搅拌成型、研磨、抛光等工序组合而成的墙、柱面装饰项目。常见拼碎石材墙、柱面一般为拼碎石大理石墙面，如图5-38 所示。

图5-38 拼碎石材墙面

2. 清单工程量计算规则

按镶贴表面积计算。

3. 实训练习

【例5-11】某建筑如图5-39、图5-40所示，墙高为3.2m，墙厚为240mm，外墙面采用拼碎石材墙面，C尺寸为1200mm×1500mm，M尺寸为900mm×2100mm。计算外墙拼碎石材工程量。

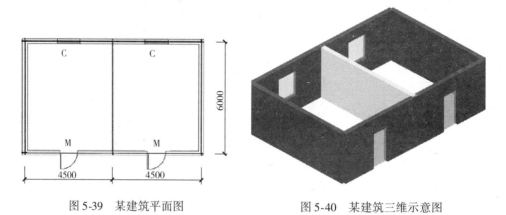

图5-39 某建筑平面图   图5-40 某建筑三维示意图

【解】清单工程量计算如下。

清单工程量计算规则：按镶贴表面积计算。

$$S = (6 + 0.24 + 4.5 + 4.5 + 0.24) \times 2 \times 3.2 - 1.2 \times 1.5 \times 2 - 0.9 \times 2.1 \times 2 = 91.69\ (\text{m}^2)$$

【小贴士】式中：$(6 + 0.24 + 4.5 + 4.5 + 0.24) \times 2 \times 3.2$ 为外墙面积；$1.2 \times 1.5 \times 2$ 为C所占面积；$0.9 \times 2.1 \times 2$ 为M所占面积。

【例5-12】某建筑框柱如图5-41、图5-42所示，柱截面尺寸为400mm×400mm，柱高为4m，柱面采用拼碎石材。计算柱面拼碎石材工程量并计价。

【解】1. 清单工程量

清单工程量计算规则：按镶贴表面积计算。

$$S = 0.4 \times 4 \times 4 \times 9 = 57.60\ (\text{m}^2)$$

【小贴士】式中：0.4×4 为柱截面周长；4为柱高；9为柱根数。

2. 定额工程量

定额工程量同清单工程量。

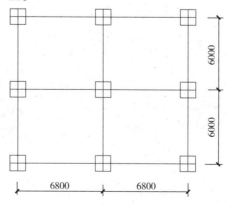

图5-41 某建筑框柱平面图

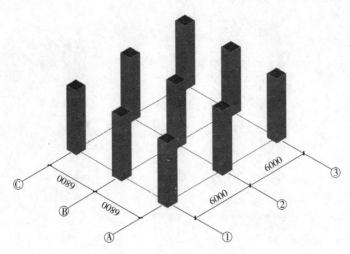

图 5-42 某建筑框柱三维图

3. 计价

套《河南省房屋建筑与装饰工程预算定额》（HA-01-31-2016）中子目 12-70，见表 5-9。

表 5-9 拼碎石墙面 （单位：100m²）

定额编号	12-76	12-70	12-78	12-79
项目	柱面			
	挂贴石材	拼碎石材	挂钩式干挂石材	背栓式干挂石材
基价（元）	33662.93	23420.73	39374.20	42392.37
人工费（元）	9636.07	10018.43	11129.68	11037.57
材料费（元）	19245.25	8530.84	22953.96	26087.12
机械使用费（元）	151.72	76.69	—	20.54
其他措施费（元）	327.24	338.88	373.93	370.86
安文费（元）	711.25	736.56	812.74	806.07
管理费（元）	1603.46	1660.53	1832.27	1817.23
利润（元）	1106.04	1145.41	1263.87	1253.50
规费（元）	881.90	913.29	1007.75	999.48

（其中列跨越人工费至规费各行）

计价：$57.6/100 \times 23420.73 = 13490.34$（m²）

5.3.3 块料墙、柱面

1. 块料墙、柱面概念

块料墙、柱面是将陶质材料制品等面层材料，用建筑砂浆或胶粘剂粘结在墙、柱基层上形成的墙、柱面层，如图 5-43、图 5-44 所示。

块料墙、柱面包括釉面砖、陶瓷锦砖、陶瓷马赛克等。

2. 清单工程量计算规则

按镶贴表面积计算。

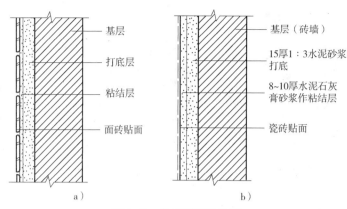

图 5-43 块料墙面构造图

a）面砖贴面 b）瓷砖贴面

图 5-44 块料墙面

3. 实训练习

【例 5-13】某建筑如图 5-45、图 5-46 所示，墙高为 3m，墙厚为 240mm，内墙面采用白色陶瓷锦砖面层，采用水泥砂浆粘结，C-1 尺寸为 2700mm×1800mm，M-1 尺寸为 900mm×2100mm，M-2 尺寸为 1200mm×2400mm，M-3 尺寸为 1500mm×2400mm。窗内侧壁增加100mm，门侧壁不增加。计算内墙面块料面层工程量并计价。

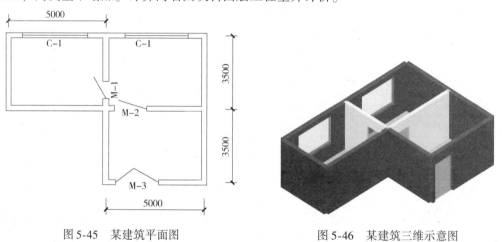

图 5-45 某建筑平面图

图 5-46 某建筑三维示意图

【解】1. 清单工程量

清单工程量计算规则：按镶贴表面积计算。

$$S = (3.5 - 0.24 + 5 - 0.24) \times 2 \times 3 \times 3 - 2.7 \times 1.8 \times 2 + (2.7 + 1.8) \times 2 \times 0.1 \times 2 - 1.5 \times 2.4 - (1.2 \times 2.4 + 0.9 \times 2.1) \times 2$$
$$= 123.3 \ (m^2)$$

【小贴士】式中：$(3.5 - 0.24 + 5 - 0.24) \times 2$ 为房间内墙长；$2.7 \times 1.8 \times 2$ 为 C-1 所占面积；$(2.7 + 1.8) \times 2 \times 0.1$ 为 C-1 侧壁增加面积。

2. 定额工程量

定额工程量同清单工程量。

3. 计价

套《河南省房屋建筑与装饰工程预算定额》（HA-01-31-2016）中子目 12-45，见表 5-10。

表 5-10　块料墙面　　　　　　　　　　　　　（单位：100m²）

定额编号		12-45	12-46	12-47	12-48
项目		陶瓷锦砖		玻璃马赛克	
		水泥石膏砂浆	粉状型建筑胶粘剂	水泥石膏砂浆	粉状型建筑胶粘剂
基价（元）		13246.39	14986.24	26098.83	27839.24
其中	人工费（元）	6882.45	6874.80	6882.88	6875.51
	材料费（元）	2991.51	4773.31	15842.79	17625.60
	机械使用费（元）	71.99	50.93	71.99	50.93
	其他措施费（元）	233.27	232.34	233.32	232.34
	安文费（元）	507.02	504.98	507.13	504.98
	管理费（元）	1143.03	1138.45	1143.29	1138.45
	利润（元）	788.45	785.28	788.62	785.28
	规费（元）	628.67	626.15	628.81	626.15

计价：$123.3/100 \times 13246.39 = 16332.80$（元）

5.3.4　干挂用钢骨架

1. 干挂用钢骨架概念

干挂石材骨架常采用型钢龙骨、轻钢龙骨、铝合金龙骨等材料。常用干挂石材钢骨架的连接方式有两种，第一种是角钢在槽钢的外侧，这种连接方式成本较高，占用空间较大，适合室外使用，如图 5-47 所示；第二种是角钢在槽钢的内侧，这种连接方式成本较低，占用空间小，适合室内使用，如图 5-48 所示。钢骨架干挂石材构造做法见表 5-11。

图 5-47　室外钢骨架　　　　　　　　　图 5-48　室内钢骨架

表 5-11　钢骨架干挂石材构造做法

名称	厚度/mm	构造做法
干挂天然石材墙面（各类墙）	135	（1）25mm 厚石材板，上下边板钻销孔，长方形板横排时钻 2 个孔，竖排时钻 1 个孔，孔径 ϕ5mm，安装时孔内先填云石胶，再插入 ϕ4mm 不锈钢销钉，固定于 4mm 厚不锈钢板石板托件上，石板两侧开 4mm 宽、80mm 高凹槽，填胶后，用 4mm 厚、50mm 宽燕尾不锈钢板勾住石板（燕尾钢板各勾住一块石板），石板四周接缝宽 6 ~ 8mm，用弹性密封膏封严钢板托和燕尾钢板，用 M5 螺栓固定于竖向角钢龙骨上 （2）L50×50×5 横向角钢龙骨（根据石板大小调整角钢尺寸）中距为石板高加上缝宽 （3）L60×60×6（或由设计人定）竖向角钢龙骨（根据石板大小调整角钢尺寸）中距为石板宽度加上缝宽 （4）角钢龙骨焊于墙内预埋伸出的角钢头上或在墙内预埋钢板，然后用角钢焊连竖向角钢龙骨（砌块类墙体应有构造柱及水平加强梁，由结构专业设计）

2. 清单工程量计算规则

按设计图示以质量计算。

3. 实训练习

【例5-14】某大厦一楼大厅墙面如图5-49、图5-50所示，墙高为3m，墙长为4m，干挂用角钢型号为L40×4，纵、横方向各布置8根角钢。计算干挂用钢骨架工程量并计价。

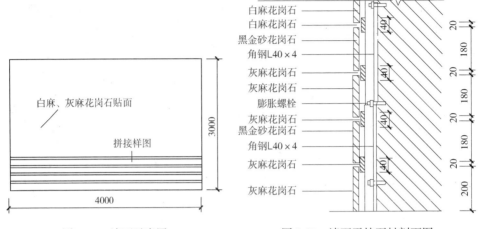

图5-49　墙面示意图　　　　　　图5-50　墙面干挂石材剖面图

【解】1. 清单工程量

清单工程量计算规则：按设计图示以质量计算。

$$W = (4 \times 8 + 3 \times 8) \times 2.422 \times 10^{-3} = 0.136 \ (t)$$

【小贴士】式中：$(4 \times 8 + 3 \times 8)$ 为角钢总长度；2.422 为 L40×4 角钢理论质量（kg/m）。

2. 定额工程量

定额工程量同清单工程量。

3. 计价

套《河南省房屋建筑与装饰工程预算定额》（HA-01-31-2016）中子目12-74，见表5-12。

表5-12　干挂用钢骨架　　　　　　　　　　　（单位：t）

定额编号	12-74	12-75
项目	钢骨架	后置件（套）
基价（元）	10157.37	43.51
其中 人工费（元）	3720.58	14.01
材料费（元）	4265.40	22.88
机械使用费（元）	402.72	—
其他措施费（元）	125.01	0.47
安文费（元）	271.70	1.02
管理费（元）	612.54	2.29
利润（元）	422.52	1.58
规费（元）	336.90	1.26

计价：$0.136 \times 10157.37 = 1381.40$（元）

5.3.5 干挂用铝方管骨架

1. 干挂用铝方管骨架概念

铝方管骨架通过连续滚压或冷弯成型，面板采用专用龙骨卡扣与龙骨连接。

其构造做法，见表5-13。

表5-13 干挂金属条形扣板构造做法

名称	厚度/mm	构造做法
干挂金属条形扣板墙面（各类墙）	90	（1）金属条形扣板长度方向的一个延伸边用抽芯铆钉或螺栓固定在龙骨上，下一扣板的扣接延伸边卡入前一扣板的延伸边凹口内，再用螺栓固定该扣板的另一延伸边，按此顺序逐条安装 （2）60mm×60mm×4mm铝方型材龙骨，布置方向与条形扣板的长度方向相垂直，间距为600mm，用螺栓与角钢连接，角钢用膨胀螺栓固定于墙体上（砌块类墙体应有构造柱及水平加强梁，由结构专业设计）

2. 清单工程量计算规则

按实际图示以面积计算。

3. 实训练习

【例5-15】某建筑如图5-51、图5-52所示，墙高为3m，墙厚为240mm，过道采用干挂金属扣板墙面，干挂骨架采用铝方管，M尺寸为900mm×2100mm，入口门洞尺寸为2000mm×3000mm。计算干挂用铝方管骨架工程量。

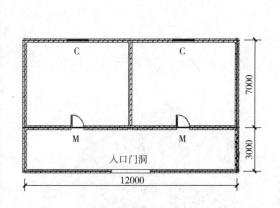

图5-51 某建筑平面图

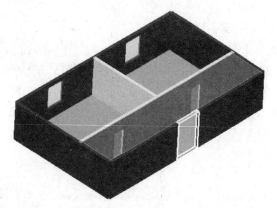

图5-52 某建筑三维示意图

【解】清单工程量计算如下。

清单工程量计算规则：按实际图示以面积计算。

$S = (3 - 0.24 + 12 - 0.24) \times 2 \times 3 - 0.9 \times 2.1 \times 2 - 3 \times 2 = 77.34$（m²）

【小贴士】式中：（3 - 0.24 + 12 - 0.24）×2为走廊内墙面长度；0.9×2.1×2为M所占面积；3×2为入口门洞所占面积。

5.4 零星块料面层

5.4.1 石材零星项目

1. 石材零星项目概念

指墙、柱面面积不超过 $0.5m^2$ 的少量分散的石材零星面层项目，如图 5-53、图 5-54 所示。

图 5-53 大理石窗台板

图 5-54 墙面石材收口

2. 清单工程量计算规则

按镶贴表面积计算。

3. 实训练习

【例 5-16】某建筑如图 5-55、图 5-56 所示，墙高为 3m，内墙面图中所标位置阳角处设有宽 50mm 的大理石收口，收口采用砂浆粘贴方式铺装，收口示意图如图 5-54 所示。计算该收口石材工程量并计价。

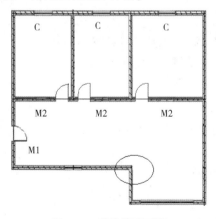

图 5-55 某建筑平面图

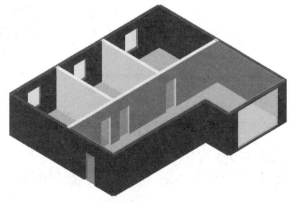

图 5-56 某建筑三维示意图

【解】1. 清单工程量

清单工程量计算规则：按镶贴表面积计算。

$S = 0.05 \times 3 \times 2 = 0.3\,(\text{m}^2)$

【小贴士】式中：0.05 为收口石材宽度；2 为收口石材数量。

2. 定额工程量

定额工程量同清单工程量。

3. 计价

套《河南省房屋建筑与装饰工程预算定额》（HA-01-31-2016）中子目 12-100，见表 5-14。

表 5-14　块料墙面　　　　　　　　　　　　（单位：100m²）

定额编号	12-98	12-99	12-100	12-101
项目	挂贴石材	拼碎石材	粘贴石材	
			预拌砂浆（干混）	粉状型建筑胶粘剂
基价（元）	33960.70	22489.49	29633.09	32768.82
其中　人工费（元）	994.62	9386.88	7756.03	8227.24
材料费（元）	19034.57	8531.31	18096.32	20573.98
机械使用费（元）	131.67	76.79	68.30	41.06
其他措施费（元）	339.25	317.67	262.39	277.52
安文费（元）	737.36	690.45	570.31	603.20
管理费（元）	1662.32	1556.57	1285.72	1359.87
利润（元）	1146.64	1073.70	886.87	938.02
规费（元）	914.27	856.12	707.15	747.93

计价：$0.3/100 \times 29633.09 = 88.90$（元）

5.4.2　块料零星项目

1. 块料零星项目概念

指墙、柱面面积不超过 0.5m² 的少量分散的石材零星面层项目。适用于块料窗台板、腰线、压顶等零星项目。块料面层如图 5-57、图 5-58 所示。

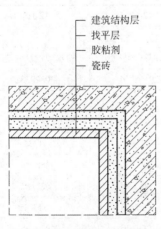

图 5-57　块料面层构造图

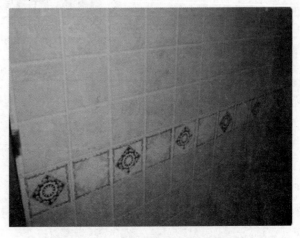

图 5-58　花砖腰线零星项目示意图

2. 清单工程量计算规则

按镶贴表面积计算。

3. 实训练习

【例5-17】 某房屋如图 5-59、图 5-60 所示，墙高为 3m，墙厚为 240mm，如图 5-58 所示位置设有玻璃马赛克腰线，采用水泥石膏砂浆铺贴，宽为 100mm。计算该收口石材工程量并计价。

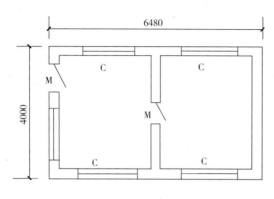

图 5-59 某房屋平面图

图 5-60 某房屋三维示意图

【解】 1. 清单工程量

清单工程量计算规则：按镶贴表面积计算。

$$S = (4 - 0.48) \times 0.1 = 0.352 \ (\text{m}^2)$$

【小贴士】 式中：4 - 0.48 为腰线长度；0.1 为腰线宽度。

2. 定额工程量

定额工程量同清单工程量。

3. 计价

套《河南省房屋建筑与装饰工程预算定额》（HA-01-31-2016）中子目 12-106，见表 5-15。

表 5-15　块料零星　　　　　　　　（单位：100m²）

定额编号		12-104	12105	12-106	12-107
项目		\multicolumn{2}{} 陶瓷锦砖		玻璃马赛克	
		水泥沙膏砂浆	粉状型建筑胶粘剂	水泥沙膏砂浆	粉状型建筑胶粘剂
基价（元）		15999.87	17863.28	29191.01	30829.81
其中	人工费（元）	8707.98	8638.30	8767.98	8543.73
	材料费（元）	3050.62	5048.50	16153.06	18154.46
	机械使用费（元）	72.69	51.32	72.69	51.32
	其他措施费（元）	294.63	291.56	296.66	288.39
	安文费（元）	640.38	633.71	644.79	626.82
	管理费（元）	1443.70	1428.66	1453.63	1413.12
	利润（元）	995.84	985.47	1002.70	974.75
	规费（元）	794.03	785.76	799.50	777.22

计价：$0.352/100 \times 29191.01 = 102.75$（元）

5.4.3　拼碎石材块料零星项目

1. 拼碎石材块料零星项目概念

指墙、柱面面积不超过 $0.5m^2$ 的少量分散的拼碎石材零星面层项目。

拼碎石材零星项目如图 5-61 所示。

图 5-61　拼碎石材零星项目

2. 清单工程量计算规则

按镶贴表面积计算。

3. 实训练习

【例 5-18】某房屋如图 5-62、图 5-63 所示设有拼碎石材块料拼花图案，图案形状为边长 500mm 的正方形。计算该拼碎石材拼花工程量并计价。

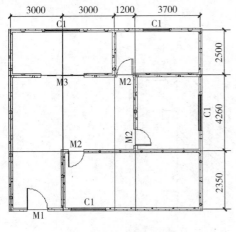

图 5-62　某房屋平面图

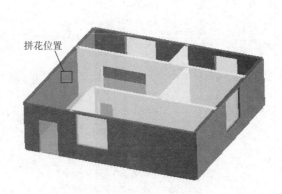

图 5-63　某房屋三维示意图

【解】1. 清单工程量

清单工程量计算规则：按镶贴表面积计算。

$S = 0.5 \times 0.5 = 0.25$（$m^2$）

【小贴士】式中：0.5 为图案边长。

2. 定额工程量

定额工程量同清单工程量。

3. 计价

套《河南省房屋建筑与装饰工程预算定额》（HA-01-31-2016）中子目 12-99，见表 5-16。

表 5-16　拼碎石材零星　　　　　　　　（单位：100m²）

定额编号	12-98	12-99	12-100	12-101
项目	挂贴石材	拼碎石材	粘贴石材	
			预拌砂浆（干混）	粉状型建筑胶粘剂
基价（元）	33960.70	22489.49	29633.09	32768.82
其中　人工费（元）	994.62	9386.88	7756.03	8227.24
材料费（元）	19034.57	8531.31	18096.32	20573.98
机械使用费（元）	131.67	76.79	68.30	41.06
其他措施费（元）	339.25	317.67	262.39	277.52
安文费（元）	737.36	690.45	570.31	603.20
管理费（元）	1662.32	1556.57	1285.72	1359.87
利润（元）	1146.64	1073.70	886.87	938.02
规费（元）	914.27	856.12	707.15	747.93

计价：$0.25/100 \times 22489.49 = 56.22$（元）

5.5　墙、柱饰面

5.5.1　墙、柱面装饰板

1. 墙、柱装饰板

墙、柱装饰板如图 5-64、图 5-65、图 5-66、图 5-67 所示。

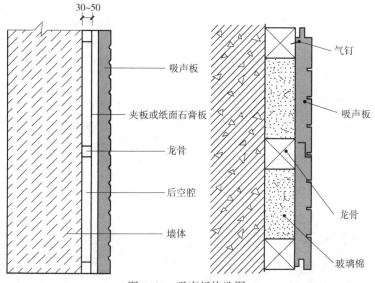

图 5-64　吸声板构造图

图 5-65　吸声板墙面

图 5-66　石膏板墙面

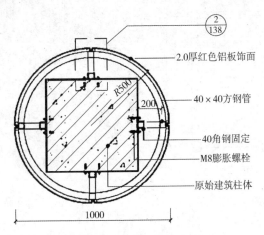

图 5-67　铝板包圆柱构造图

2. 清单工程量计算规则

按设计图示尺寸以面积计算。扣除门窗洞口及面积大于 $0.3m^2$ 的单个孔洞所占面积。

3. 实训练习

【例 5-19】某墙面装饰如图 5-68、图 5-69 所示，墙高为 3.2m，窗的尺寸为 2000mm × 1800mm，墙裙高为 900mm，墙裙以上部位采用装饰板装饰。计算该墙面装饰板工程量。

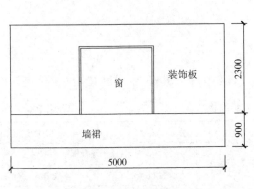

图 5-68　某墙面示意图

图 5-69　某墙面三维图

【解】清单工程量计算如下。

清单工程量计算规则：按设计图示尺寸以面积计算。

$$S = 2.3 \times 5 - 2 \times 1.8$$
$$= 7.9 (\text{m}^2)$$

【小贴士】式中：2.3×5 为装饰板墙面毛面积；2×1.8 为窗所占面积。

【例5-20】某建筑如图5-70、图5-71所示，墙高为3m，墙厚为240mm，房间A内墙面采用铝合金装饰板墙面，C1尺寸为1500mm×1800mm，C2尺寸为1800mm×1800mm，M1尺寸1000mm×2100mm，M3尺寸900mm×2100mm。计算房间A铝合金装饰板内墙面工程量并计价。

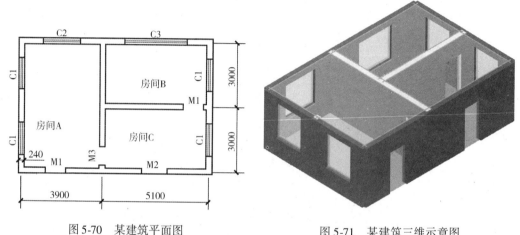

图5-70　某建筑平面图　　　　　　　图5-71　某建筑三维示意图

【解】1. 清单工程量

清单工程量计算规则：按设计图示尺寸以面积计算。

$$S = (3.9 - 0.24 + 3 + 3 - 0.24) \times 2 \times 3 - 1.5 \times 1.8 \times 2 - 1.8 \times 1.8 - 1 \times 2.1 - 0.9 \times 2.1$$
$$= 43.89 (\text{m}^2)$$

【小贴士】式中：（$3.9 - 0.24 + 3 + 3 - 0.24$）$\times 2$ 为房间A内墙面长；$1.5 \times 1.8 \times 2$ 为C1所占面积；1.8×1.8 为C2所占面积；1×2.1 为M1所占面积；0.9×2.1 为M3所占面积。

2. 定额工程量

定额工程量同清单工程量。

3. 计价

套《河南省房屋建筑与装饰工程预算定额》（HA-01-31-2016）中子目12-156，见表5-17。

表5-17　铝合金装饰板墙面　　　　　　　　　　　　（单位：100m²）

定额编号	12-155	12-156	12-157	12-158
项目	电化铝板墙面	铝合金装饰板墙面	铝合金复合板墙面	
			胶合板基层上	木龙骨基层上
基价（元）	12567.72	16296.37	12178.31	11491.36

（续）

	人工费（元）	1955.96	2750.63	2851.62	2851.62
	材料费（元）	8520.38	12238.37	7970.75	7283.80
	机械使用费（元）	161.42	—	—	—
其中	其他措施费（元）	65.73	92.40	95.84	95.84
	安文费（元）	142.86	200.84	208.30	208.30
	管理费（元）	322.07	452.78	469.60	469.60
	利润（元）	222.16	312.32	323.92	323.92
	规费（元）	177.14	249.03	258.28	258.28

计价：43.89/100×16296.37＝7152.48（元）

5.5.2　墙、柱面装饰浮雕

1. 墙、柱面装饰浮雕

墙、柱面装饰浮雕如图 5-72 ~ 图 5-74 所示。

图 5-72　浮雕外墙

图 5-73　装饰浮雕内墙面

图 5-74　浮雕装饰柱

2. 清单工程量计算规则

按设计图示尺寸以面积计算。

3. 实训练习

【例5-21】 某景区装饰墙浮雕如图5-75、图5-76所示,墙长为8m,墙裙高为900mm,墙裙以上设装饰浮雕墙面,浮雕区高为2.1m。计算浮雕墙面工程量。

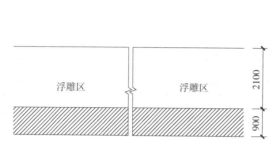

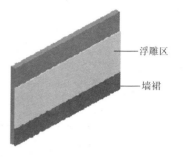

图5-75 装饰墙浮雕示意图　　　　　图5-76 装饰墙浮雕三维图

【解】 清单工程量计算如下。

清单工程量计算规则:按设计图示尺寸以面积计算。

$$S = 8 \times 2.1 = 16.8 \ (m^2)$$

【小贴士】 式中:8为墙长;2.1为浮雕高度。

5.5.3 墙、柱面成品木饰面

1. 墙、柱面成品木饰面概念

成品木饰面是用各种名贵木材如红榉、樱桃木等0.6mm厚进口实木单板作为木饰面,经过复杂的设备流程、1600kN压力、250℃高温将单板牢固定在模板基层上,如图5-77～图5-81所示。

2. 清单工程量计算规则

按设计图示尺寸以面积计算。

图5-77 成品木饰面墙面　　　　　图5-78 成品木饰面柱面

卡式龙骨
防火夹板
成品木饰面

图 5-79　成品木饰面墙面构造图

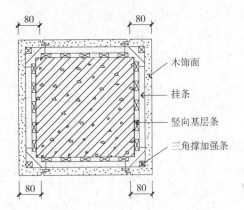

木饰面
挂条
竖向基层条
三角撑加强条

图 5-80　木饰面包方柱构造图

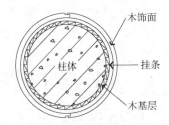

木饰面
柱体
挂条
木基层

图 5-81　木饰面包圆柱构造图

3. 实训练习

【例 5-22】某建筑如图 5-82、图 5-83 所示，墙高为 3.1m，墙厚为 240mm，内墙面装修采用成品木饰面，木龙骨夹板基层，杉木面层。计算成品木饰面工程量并计价。

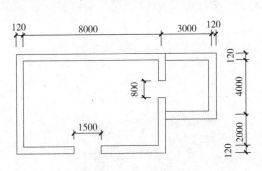

图 5-82　某建筑平面图

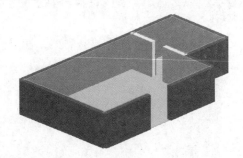

图 5-83　某建筑三维示意图

【解】1. 清单工程量

清单工程量计算规则：按设计图示尺寸以面积计算。

$$S = [(8 - 0.24 + 4 + 2 - 0.24) \times 2 - 1.5 - 0.8] \times 3.1 + [(4 - 0.24 + 3 - 0.24) \times 2 - 0.8] \times 3.1$$

$$= 114.64 \ (m^2)$$

【小贴士】式中：[(8 - 0.24 + 4 + 2 - 0.24) × 2 - 1.5 - 0.8] 为大房间内墙面长；[(4 -

0.24 + 3 − 0.24）× 2 − 0.8〕为小房间内墙面长度。

2. 定额工程量

定额工程量同清单工程量。

3. 计价

套《河南省房屋建筑与装饰工程预算定额》（HA-01-31-2016）中子目 12-162，见表 5-18。

表 5-18　杉木成品木饰面墙面　　　　　　　　　（单位：100m²）

定额编号		12-159	12-160	12-161	12-162	12-163	12-164
项目		镀锌铁皮墙面	纤维板	刨花板	杉木薄板	木丝板	塑料扣板
基价（元）		7400.78	4310.29	10369.38	10209.62	9985.53	4718.32
其中	人工费（元）	2005.82	2159.12	2159.12	3913.63	1395.69	803.51
	材料费（元）	4194.94	1124.83	7183.92	4435.36	7962.22	3532.97
	机械使用费（元）	246.53	—	—	—	—	—
	其他措施费（元）	67.39	72.54	72.547	131.51	46.90	26.99
	安文费（元）	146.48	157.67	157.67	285.83	101.95	58.66
	管理费（元）	330.22	355.45	355.45	644.39	229.83	132.24
	利润（元）	227.78	245.18	245.18	444.49	158.53	91.22
	规费（元）	181.62	195.50	195.50	354.41	126.41	72.73

计价：114.64/100 × 10209.62 = 11704.31（元）

5.5.4　墙、柱面软包

1. 墙、柱面软包概念

　　　　软包类墙柱面是室内高级装饰做法之一，具有吸声、保温、质感舒适等特点，适用于室内有吸声要求的会议厅、会议室、多功能厅、录音室、影剧院局部墙柱面等处。

软包饰面的构造组成主要有骨架、面层两大部分，如图 5-84 ~ 图 5-86 所示。

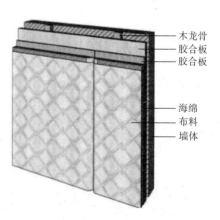

图 5-84　墙面软包　　　　　　　　　图 5-85　墙面软包构造

木龙骨
胶合板
胶合板

海绵
布料
墙体

图 5-86　柱面软包方柱包圆

2. 清单工程量计算规则

按设计图示尺寸以面积计算。

3. 实训练习

【例 5-23】某建筑如图 5-87、图 5-88 所示，墙高为 3m，设有软包电视机背景墙面，软包墙面宽为 3m，面层采用丝绒面料，木龙骨五夹板衬底，采用装饰线条分格。计算软包墙面工程量并计价。

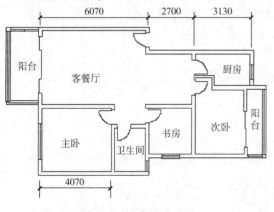

图 5-87　某建筑平面图

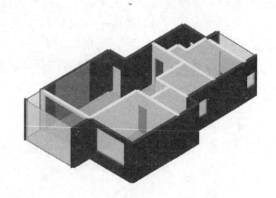

图 5-88　某建筑三维示意图

【解】1. 清单工程量

清单工程量计算规则：按设计图示尺寸以面积计算。

$$S = 3 \times 3 = 9 \, (\text{m}^2)$$

【小贴士】式中：3 为软包墙面宽；3 为软包墙面高度。

2. 定额工程量

定额工程量同清单工程量。

3. 计价

套《河南省房屋建筑与装饰工程预算定额》（HA-01-31-2016）中子目 12-172，见表 5-19。

表 5-19　面层　　　　　　　　　　　　（单位：100m²）

定额编号		12-172	12-173
项目		墙面丝绒面料软包（木龙骨五夹板衬底）	
		装饰线条分格	装饰板分格
基价（元）		35963.41	33446.53
其中	人工费（元）	6266.72	7023.04
	材料费（元）	26139.96	22507.00
	机械使用费（元）	577.79	577.79
	其他措施费（元）	210.55	235.98
	安文费（元）	457.63	512.89
	管理费（元）	1031.69	1156.28
	利润（元）	711.64	797.59
	规费（元）	567.43	635.96

计价：$9/100 \times 35963.41 = 3236.71$（元）

5.6　幕墙工程

幕墙是建筑物外围护墙的一种形式。幕墙一般不承重，形似挂幕，又称为悬挂幕，即悬吊挂于主体结构外侧的轻质围墙上。幕墙的特点是装饰效果好、质量轻、安装速度快，是外墙轻型化、装配化较理想的形式，因此在现代大型和高层建筑上得到广泛的采用。

幕墙按面板材料分类可分为玻璃幕墙（框支承玻璃幕墙、全玻璃幕墙、点支承幕墙）、金属幕墙、石材幕墙、陶瓷板幕墙。

幕墙按施工方法分类可分为构件式幕墙、单元式幕墙。

5.6.1　构件式幕墙

1. 构件式幕墙概念

构件式幕墙是在现场依次安装立柱、横梁和玻璃面板的框支幕墙。如图5-89、图5-90所示。

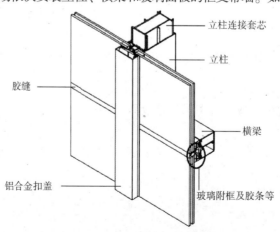

图 5-89　构件式玻璃幕墙构造图

图 5-90 构件式玻璃幕墙

2. 清单工程量计算规则

按设计图示框外围尺寸以面积计算，与幕墙同种材质的窗所占面积不扣除。

3. 实训练习

【例 5-24】 某建筑如图 5-91、图 5-92 所示，墙高为 3.5m，外墙采用半隐框玻璃幕墙，玻璃材质为 6 + 12A + 6 钢化中空玻璃，M1 尺寸为 1500mm × 2100mm，材质为夹层玻璃，C 尺寸为 1500mm × 1800mm，材质同幕墙材质。计算幕墙工程量并计价（不考虑幕墙厚度）。

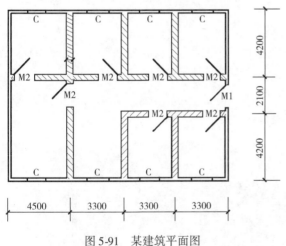

图 5-91 某建筑平面图

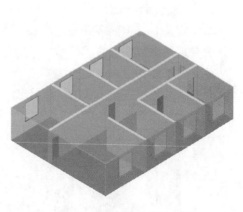

图 5-92 某建筑三维示意图

【解】 1. 清单工程量

清单工程量计算规则：按设计图示框外围尺寸以面积计算，与幕墙同种材质的窗所占面积不扣除。

$$S = (4.5 + 3.3 + 3.3 + 3.3 + 4.2 + 2.1 + 4.2) \times 3.5 - 1.5 \times 2.1 = 84 \ (m^2)$$

【小贴士】 式中：4.5 + 3.3 + 3.3 + 3.3 + 4.2 + 2.1 + 4.2 为外墙净长线；1.5 × 2.1 为 M1 所占面积。

2. 定额工程量

定额工程量同清单工程量。

3. 计价

套《河南省房屋建筑与装饰工程预算定额》（HA-01-31-2016）中子目12-211，见表5-20。

表5-20　半隐框玻璃幕墙　　　　　　　　　　　　（单位：100m²）

定额编号	12-210	12-211	12-212	12-213	12-214
项目	玻璃幕墙			铝板幕墙	
	全隐框	半隐框	明框	铝塑板	铝单板
基价（元）	67632.38	68091.30	64578.04	47219.65	44568.97
人工费（元）	16202.62	16202.37	16219.98	14623.71	14623.71
材料费（元）	43366.40	43825.57	40286.61	25283.02	22632.34
机械使用费（元）	361.11	361.11	361.11	361.11	361.11
其他措施费（元）	544.39	544.39	544.96	491.35	491.35
安文费（元）	1183.23	1183.23	1184.47	1067.94	1067.94
管理费（元）	2667.50	2667.50	2670.30	2407.61	2407.61
利润（元）	1840.00	1840.00	1741.94	1660.73	1660.73
规费（元）	1467.13	1467.13	1468.67	1324.18	1324.18

（表中"其中"为第一列纵向合并表头）

计价：$84/100 \times 68091.30 = 57196.69$（元）

5.6.2　单元式幕墙

1. 单元式幕墙概念

单元式幕墙是将面板和金属框架（横梁、立柱）在工厂组装成幕墙单元，以幕墙单元的形式在现场完成安装施工的框支承幕墙。单元式幕墙及其吊装如图5-93所示。

单元式幕墙按排水方式分为横滑型、横锁型。

单元式幕墙按安装方式分为对插式、对碰式。

单元式幕墙按型材截面分为开口式、闭口式。

图5-93　单元式幕墙及其吊装

2. 清单工程量计算规则

按设计图示框外围尺寸以面积计算，与幕墙同种材质的窗所占面积不扣除。

3. 实训练习

【**例 5-25**】某办公区如图 5-94、图 5-95 所示，墙高为 3.2m，墙厚为 240mm，外墙采用明框玻璃幕墙，玻璃材质为 6 + 12A + 6 钢化中空玻璃，施工安装方式为单元式，C 尺寸为 1000mm×1200mm，柱截面尺寸为 400mm×400mm，材质同幕墙材质。计算幕墙工程量并计价（不考虑幕墙厚度）。

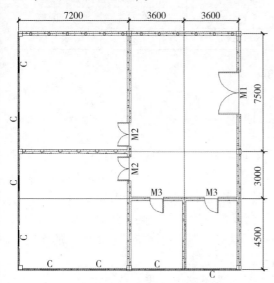

图 5-94　某办公区平面图

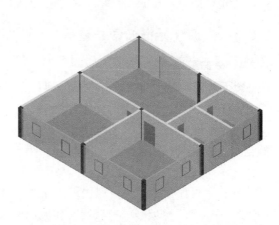

图 5-95　某办公区三维示意图

【**解**】1. 清单工程量

清单工程量计算规则：按设计图示框外围尺寸以面积计算，与幕墙同种材质的窗所占面积不扣除。

$$S = (7.2 + 3.6 + 3.6 + 0.12 + 4.5 + 3 + 7.5 + 0.12 - 0.4 \times 6) \times 3.2 = 87.17 \ (\text{m}^2)$$

【**小贴士**】式中：7.2 + 3.6 + 3.6 + 0.12 + 4.5 + 3 + 7.5 + 0.12 为幕墙外墙长度；0.4×6 为柱所占尺寸。

2. 定额工程量

定额工程量同清单工程量。

3. 计价

套《河南省房屋建筑与装饰工程预算定额》（HA-01-31-2016）中子目 12-212，见表 5-21。

表 5-21　半隐框玻璃幕墙　　　　　　　　　　　　　　　（单位：100m²）

定额编号	12-210	12-211	12-212	12-213	12-214
项目	玻璃幕墙			铝板幕墙	
	全隐框	半隐框	明框	铝塑板	铝单板
基价（元）	67632.38	68091.30	64578.04	47219.65	44568.97

（续）

	人工费（元）	16202.62	16202.37	16219.98	14623.71	14623.71
	材料费（元）	43366.40	43825.57	40286.61	25283.02	22632.34
	机械使用费（元）	361.11	361.11	361.11	361.11	361.11
其中	其他措施费（元）	544.39	544.39	544.96	491.35	491.35
	安文费（元）	1183.23	1183.23	1184.47	1067.94	1067.94
	管理费（元）	2667.50	2667.50	2670.30	2407.61	2407.61
	利润（元）	1840.00	1840.00	1741.94	1660.73	1660.73
	规费（元）	1467.13	1467.13	1468.67	1324.18	1324.18

计价：$87.17/100 \times 64578.04 = 56292.68$（元）

5.6.3 全玻（无框玻璃）幕墙

1. 全玻幕墙概念

全玻幕墙是一种全透明、全视野的玻璃幕墙，利用玻璃的透明性，追求建筑物内外空间的流通和融合，使人们可以透过玻璃清楚地看到玻璃的整个结构系统，使结构系统由单纯的支承作用转向表现其可见性，从而表现出建筑装饰的艺术感、层次感和立体感（图5-96、图5-97）。全玻幕墙具有重量轻、选材简单、加工工厂化、施工快捷、维护维修方便、易于清洗等特点，其对于丰富建筑造型立面效果的作用是其他材料无可比拟的，也是现代科技在建筑装饰上的体现。

全玻幕墙由玻璃肋和玻璃面板构成，分为下端支撑式、吊挂式。

图 5-96　全玻幕墙外观

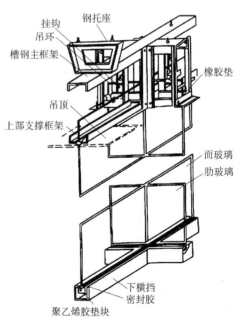

图 5-97　全玻幕墙构造图

2. 清单工程量计算规则

按设计图示尺寸以面积计算，带肋全玻幕墙按展开面积计算。

3. 实训练习

【例 5-26】 某汽车销售中心如图 5-98、图 5-99 所示，外墙采用点式全玻幕墙，墙高为 5m，M1 尺寸为 4200mm × 3000mm，材质为夹层玻璃门。计算幕墙工程量并计价（不考虑幕墙厚度）。

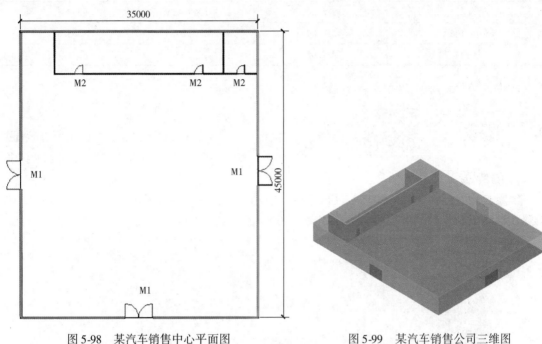

图 5-98 某汽车销售中心平面图   图 5-99 某汽车销售公司三维图

【解】 1. 清单工程量

清单工程量计算规则：按设计图示框外围尺寸以面积计算，与幕墙同种材质的窗所占面积不扣除。

$$S = (35 + 45) \times 2 \times 5 - 4.2 \times 3 \times 3 = 762.2 \ (\text{m}^2)$$

【小贴士】 式中：$(35 + 45) \times 2$ 为幕墙外墙长度；$4.2 \times 3 \times 3$ 为 M1 所占面积。

2. 定额工程量

定额工程量同清单工程量。

3. 计价

套《河南省房屋建筑与装饰工程预算定额》（HA-01-31-2016）中子目 12-216，见表 5-22。

表 5-22　半隐框玻璃幕墙　　　　　　　　　　　（单位：100m²）

定额编号	12-215	12-216	12-217
项目	全玻璃幕墙		防火隔热带
	挂式	点式	100 × 240（100m）
基价（元）	23132.01	30698.48	11213.63

（续）

其中	人工费（元）	3302.79	4424.95	3221.89
	材料费（元）	11967.08	16463.15	6392.20
	机械使用费（元）	5606.42	6788.79	67.78
	其他措施费（元）	159.43	213.56	108.26
	安文费（元）	346.53	464.18	235.31
	管理费（元）	781.22	1046.46	530.49
	利润（元）	538.87	721.84	365.93
	规费（元）	429.67	575.55	291.77

计价：762.2/100×30698.48＝233983.81（元）

5.7 隔断

1. 隔断概念

隔断是指专门作为分隔室内空间的立面，应用更加灵活，如固定隔断、活动展板、活动屏风、移动隔断、移动屏风等。隔断如图5-100~图5-102所示。

图 5-100　卫生间隔断

图 5-101　浴室玻璃隔断

2. 清单工程量计算规则

现场制作、安装的隔断：按设计图示框外围尺寸以面积计算。不扣除面积不超过0.3m² 的单个孔洞所占面积；浴厕门的材质与隔断相同时，门的面积并入隔断面积内。

以成品安装的隔断：按设计图示框外围尺寸计算。

3. 实训练习

【例5-27】某卫生间如图5-103、图5-104 所示，隔断与隔断门高均为1.5m，隔断材质为

图 5-102　屏风隔断

木龙骨基层榉木板面,卫生间进深为 1.2m,隔断安装方式采用现场安装制作。计算卫生间隔断工程量并计价。

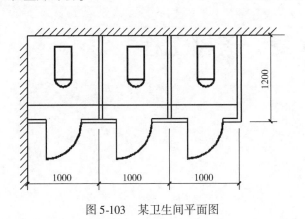

图 5-103 某卫生间平面图   图 5-104 某卫生间剖面图

【解】1. 清单工程量

现场制作、安装的隔断:按设计图示框外围尺寸以面积计算。不扣除面积不超过 $0.3m^2$ 的单个孔洞所占面积;浴厕门的材质与隔断相同时,门的面积并入隔断面积内。

$S_{中间隔断} = 1.2 \times 1.5 \times 3 = 5.4 \ (m^2)$

$S_{门扇} = 1 \times 1.5 \times 3 = 4.5 \ (m^2)$

总工程量 $= 4.5 + 5.4 = 9.9 \ (m^2)$

【小贴士】式中:1.5 为隔断高度;1 为门和门框宽。

2. 定额工程量

定额工程量同清单工程量。

3. 计价

套《河南省房屋建筑与装饰工程预算定额》(HA-01-31-2016)中子目 12-233,见表 5-23。

表 5-23 半隐框玻璃幕墙   (单位:100m²)

定额编号	12-230	12-231	12-232	12-233	12-234
项目	塑钢隔断			浴厕隔断	
	全玻	半玻	全塑钢板	木龙骨基层榉木板面	不锈钢磨砂玻璃
基价(元)	54776.49	37501.38	59619.52	19347.28	47853.97
其中 人工费(元)	4070.03	3049.64	2751.39	6189.33	9197.10
材料费(元)	48771.52	33002.37	55560.02	9802.59	34285.23
机械使用费(元)	—	—	—	413.22	—
其他措施费(元)	136.76	102.44	92.46	207.95	308.98
安文费(元)	297.25	222.65	200.95	451.97	671.58
管理费(元)	670.12	501.96	453.03	1018.95	1514.02
利润(元)	462.24	346.24	312.50	702.85	1044.35
规费(元)	368.57	276.08	249.17	560.42	832.71

计价:$9.9/100 \times 19347.28 = 1915.38$ (元)

第6章 天棚工程

6.1 天棚抹灰

1. 工程内容

（1）清单项目。清单项目包括：基层清理、底层抹灰、抹灰面层、装饰线条。

（2）组价项目。天棚抹灰包括：清理修补基层、调运砂浆、清扫落地灰；抹灰、找平、罩面、压光、小圆角抹光等，阳台、雨篷包括抹白灰心、刷浆。

2. 清单编制说明

（1）天棚抹灰从抹灰级别上可分为普、中、高三个等级。

（2）常用抹灰材料有石灰麻刀灰浆、水泥麻刀砂浆、涂刷涂料等。

（3）天棚基层包括混凝土基层、板条基层和钢丝网基层抹灰等类型。

3. 工程量计算规则

（1）清单项目。天棚抹灰按设计图示尺寸以水平投影面积计算，不扣除间壁墙、垛、柱、附墙烟囱、检查口和管道所占的面积，带梁天棚的梁两侧抹灰面积并入天棚面积内，板式楼梯底面抹灰按斜面积计算，锯齿形楼梯底板抹灰按展开面积计算。

（2）组价项目。

1）天棚抹灰面积按主墙间净空面积计算，不扣除柱、垛、附墙烟囱、间壁墙、检查洞和管道所占的面积。带有钢筋混凝土梁的天棚，梁的两侧抹灰面积应并入天棚抹灰工程量内计算。

2）檐口天棚的抹灰并入相同的天棚抹灰工程量内计算。

3）有坡度及拱顶的天棚抹灰面积按展开面积计算。计算方法是按水平投影面积乘以表6-1中的延长系数。

表6-1 拱顶延长系数

拱高:跨度	1:2	1:2.5	1:3	1:3.5	1:4	1:4.5	1:5
延长系数	1.571	1.383	1.274	1.205	1.159	1.127	1.103
拱高:跨度	1:5.5	1:6	1:6.5	1:7	1:8	1:9	1:10
延长系数	1.086	1.073	1.062	1.054	1.041	1.033	1.026

注：此表即弓形弧长系数表。拱高即矢高，跨度即弦长。弧长等于弦长乘以系数。

天棚与其他构件扣减关系见表6-2。

表 6-2　天棚与其他构件扣减关系

构件	板洞	柱	垛	墙上梁	天窗
扣减关系	×	×	×	√	√

注："√"表示扣减，"×"表示不扣减。

天棚抹灰与其他构件增量关系见表 6-3。

表 6-3　天棚抹灰与其他构件增量关系

构件	板洞侧壁面积	间壁墙面积	凸出墙面梁底面面积	凸出墙面梁侧面面积
增量关系	×	√	×	√

注："√"表示增加，"×"表示不增加。

4. 实训练习

【例 6-1】某小区业主装修，采用天棚抹灰，做法为先刷 5cm 厚混凝土砂浆找平层，后刷 5cm 厚混凝土砂浆抹灰层，表面抛光磨亮，后粘贴墙纸，如图 6-1 所示，图中墙厚为 240mm。试根据图示信息计算该工程天棚的工程量。

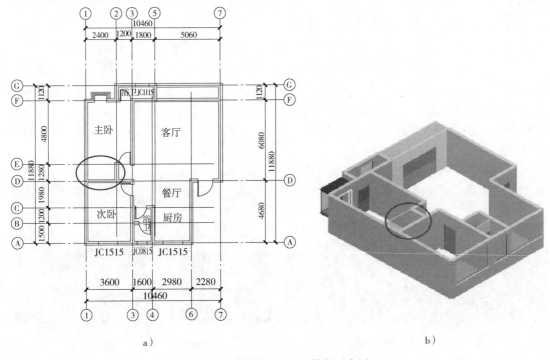

图 6-1　某房屋装修天棚抹灰示意图

a）某小区平面图　b）某小区三维图

【解】清单工程量计算如下。

清单工程量计算规则：按设计图示尺寸以水平投影面积计算。不扣除间壁墙、垛、柱、附墙烟囱、检查口和管道所占的面积，带梁天棚的梁两侧抹灰面积并入天棚面积内，板式楼梯底面抹灰按斜面积计算，锯齿形楼梯底板抹灰按展开面积计算。

$S_1 = (1.8 + 5.06 - 0.24) \times (4.8 - 0.12) + (1.12 - 0.24) \times (5.06 - 0.24) + (4.8 - 0.24) \times (2.4 + 1.2 - 0.24) + (1.2 + 1.8 - 0.24) \times (1.12 - 0.24) + 1.28 \times (1.2 +$

$1.8 + 5.06 - 0.24) + (3.6 - 0.24) \times (4.68 - 0.24) + (2.98 - 0.24) \times (1.5 + 1.2 - 0.12) + 1.98 \times (2.98 - 0.12) + (1.6 - 0.24) \times (1.5 + 1.2 - 0.24) + (1.6 - 0.12) \times (1.98 - 0.12)$

$= 96.64 \ (m^2)$

$S_2 = S_1 = 96.64 \ (m^2)$

【小贴士】式中：S_1 为 5cm 厚混凝土砂浆找平层抹灰面积，S_2 为 5cm 厚混凝土砂浆抹灰层抹灰面积。

6.2 天棚吊顶

6.2.1 平面吊顶天棚

1. 平面吊顶天棚的概念

  　　平面吊顶天棚是指房屋居住环境的顶部装修，就是指天花板的装修，是室内装饰的重要部分之一。顶棚具有保温、隔热、隔声、吸声的作用，也是电气、通风空调、通信和防火、报警管线设备等工程的隐蔽层。平面吊顶示意图如图 6-2 所示。

　　平面吊顶是指表面没有任何造型和层次，这种顶面构造平整、简洁、利落大方，材料也较其他的吊顶形式节省，适用于各种居室的吊顶装饰。它常由各种类型的装饰板材拼接而成，也可以在其表面刷浆、喷涂，裱糊壁纸、墙布等（刷乳胶漆推荐石膏板拼接，以便于处理接缝开裂）。用木板拼接要严格处理接口，一定要用水性胶或环氧树脂处理。平面吊顶天棚示意图如图 6-3 所示。

图 6-2　平面吊顶示意图

图 6-3　平面吊顶天棚示意图

2. 工程内容

吊顶天棚的工程内容有：弹线、安装吊杆、安装大龙骨、安装副龙骨、安装石膏板等。

3. 工程量计算规则

按设计图示尺寸以水平投影面积计算。不扣除间壁墙、检查口、附墙烟囱、柱垛和管道所占面积，扣除单个 $>0.3m^2$ 的孔洞、独立柱及与天棚相连的窗帘盒所占的面积。

4. 实训练习

【例 6-2】某门面房装修安装平面吊顶，做法为塑料板天棚面层，直接粘贴在混凝土板下，如图 6-4 所示，图中墙厚为 240mm。试计算其工程量并计价。

【解】1. 清单工程量

清单工程量计算规则：按设计图示尺寸以水平投影面积计算。不扣除间壁墙、检查口、附墙烟囱、柱垛和管道所占面积，扣除单个 $>0.3m^2$ 的孔洞、独立柱及与天棚相连的窗帘盒所占的面积。

$$S = (6 - 0.24 - 0.24) \times (5 - 0.24) = 26.28 \ (m^2)$$

【小贴士】式中：$6 - 0.24 - 0.24$ 为屋面的长减去墙厚，$5 - 0.24$ 为屋面宽减去墙厚。

2. 定额工程量

定额工程量同清单工程量。

3. 计价

套《河南省房屋建筑与装饰工程预算定额》（HA-01-31-2016）子目 13-95 见表 6-4。

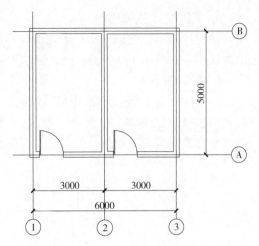

图 6-4　某门面房屋面平面图

表 6-4　吊顶天棚　（单位：100m²）

定额编号		13-95	13-96	13-97	13-98
项目		铝塑板天棚面层			矿棉板天棚面层
		贴在混凝土板下	贴在胶合板上	贴在龙骨底	搁放在龙骨上
基价（元）		9249.05	9249.05	8537.80	6154.88
其中	人工费（元）	1605.55	1605.55	1417.36	945.14
	材料费（元）	6820.80	6820.80	6393.74	4725.00
	机械使用费（元）	—	—	—	—
	其他措施费（元）	53.92	53.92	47.63	31.77
	安文费（元）	117.20	117.20	103.53	69.06
	管理费（元）	294.43	294.43	260.07	173.48
	利润（元）	211.82	211.82	187.10	124.80
	规费（元）	145.33	145.33	128.37	85.63

计价：$26.28/100 \times 9249.05 = 2430.65$ （元）

6.2.2　跌级吊顶天棚

1. 跌级吊顶的简介

跌级吊顶是指不在同一平面的降标高吊顶，类似阶梯的形式，艺术吊顶会包含跌级的形式，但是相对要复杂很多。跌级吊顶多用于装有中央空调的户型，因为中央空调厚度为 35cm 左右，跌级吊顶能够增加层次感，对房高要求较高，一般要求在 2.7m 以上。常用的材料有轻钢龙骨和石膏板。吊顶与墙面中间，可以用天花角线收边，类似画框功能。吊顶与墙壁的色彩与材料不同时，也具有收尾效果。吊顶的色彩应选用色度弱、明度高的颜色，以增加光线的反射，扩大空间感。

2. 工程内容

吊顶天棚的工程内容有：定位、划线、选料、下料、制作安装（包括检查孔）等。

3. 工程量计算规则

按设计图示尺寸以水平投影面积计算。不扣除间壁墙、检查口、附墙烟囱、柱垛和管道所占面积，扣除单个 $>0.3m^2$ 的孔洞、独立柱及与天棚相连的窗帘盒所占的面积。

4. 实训练习

【例 6-3】某房屋屋面跌级吊顶示意图如图 6-5 所示，吊顶采用塑料板吊顶面层与龙骨连接，吊顶厚为 200mm，吊顶龙骨为方木天棚龙骨，图 6-6 所示为吊顶安装现场施工图。试计算其工程量，并对其组价。

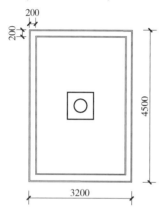

图 6-5　某房屋屋面跌级吊顶示意图

图 6-6　吊顶安装现场施工图

【解】1. 清单工程量

清单工程量计算规则：按设计图示尺寸以水平投影面积计算，不扣除间壁墙、检查口、附墙烟囱、柱垛和管道所占面积，扣除单个 $>0.3m^2$ 的孔洞、独立柱及与天棚相连的窗帘盒所占的面积。

跌级吊顶天棚工程量为：

$$S = (4.5 - 0.2) \times 0.2 \times 2 + 3.2 \times 0.2 \times 2 = 1.72 + 1.28 = 3 \ (m^2)$$

【小贴士】式中：$(4.5 - 0.2) \times 0.2 \times 2$ 为竖向两侧吊顶的面积，$3.2 \times 0.2 \times 2$ 为横向两侧吊顶的面积。

2. 定额工程量

定额工程量同清单工程量。

3. 计价

套《河南省房屋建筑与装饰工程预算定额》（HA-01-31-2016）子目 13-23 见表 6-5。

表 6-5　天棚龙骨（方木楞）　　　　　　　　　（单位：100m²）

定额编号	13-23	13-24	13-25	13-26	13-27
项目	方木天棚龙骨（吊在梁底或板下）				
	单层楞	双层楞			
		规格/mm			
		300×300	450×450	600×600	$>600 \times 600$
基价（元）	4824.51	7622.86	6087.53	5462.43	4947.64

（续）

其中	人工费（元）	1271.59	1718.62	1636.00	1617.18	1598.94
	材料费（元）	2731.82	4795.23	3395.53	2801.26	2316.66
	机械使用费（元）	168.98	228.40	217.45	214.94	212.52
	其他措施费（元）	42.74	57.72	54.96	54.34	53.72
	安文费（元）	92.90	125.45	119.46	118.11	116.75
	管理费（元）	233.38	315.15	300.10	296.70	293.29
	利润（元）	167.90	226.73	215.90	213.45	211.00
	规费（元）	115.20	155.56	148.13	146.45	144.76

龙骨计价：$3/100 \times 4824.51 = 144.73$（元）

套《河南省房屋建筑与装饰工程预算定额》（HA-01-31-2016）子目13-91 见表6-6。

表6-6　天棚面层　　　　　　　　　　　　（单位：100m²）

定额编号		13-91	13-92	13-93	13-94
项目		塑料板天棚面层	钢板网天棚面层	铝板网天棚面层	
				搁在龙骨上	钉在龙骨上
基价（元）		6651.91	3825.97	2825.48	2977.02
其中	人工费（元）	1134.38	1510.89	1039.72	1133.34
	材料费（元）	4936.05	1540.77	1252.65	1262.96
	机械使用费（元）	—	—	—	—
	其他措施费（元）	38.12	50.75	34.94	38.06
	安文费（元）	82.85	110.31	75.95	82.73
	管理费（元）	208.11	277.11	190.79	207.83
	利润（元）	149.72	199.36	137.26	149.52
	规费（元）	102.72	136.78	94.17	102.58

吊顶面层计价：$3/100 \times 6651.91 = 199.56$（元）

6.2.3　艺术吊顶天棚

1. 艺术吊顶的作用

艺术吊顶除了具有吊顶天棚基本的作用以外，还可以调节室内的气氛，使人感到静逸、舒适，有艺术感。

（1）吊顶材料：一般由吊杆、龙骨、罩面板和有关的连接件等组成，随着建筑装饰材料的发展，吊顶装修可采用多种材料。吊顶龙骨可有轻钢龙骨、木龙骨、铝合金龙骨等；其罩面材料有胶合板、石膏板、实木板、板条抹灰、矿棉水泥板、玻璃棉板、铝合金板、玻璃、塑料装饰板等；吊顶饰面多用油漆、涂料、裱糊壁纸及织物等。

（2）吊顶形式：吊顶有多种不同的形式。按吊顶的造型分为平面吊顶、凹凸式吊顶、圆形吊顶、拱形吊顶和开敞式吊顶；按结构形式可分为直接式吊顶和悬挂式吊顶；按面板的形式分为木方式吊顶、条板式吊顶、方板式吊顶、盒式吊顶和特殊形式吊顶；按技术要求分保温吊顶、音响吊顶、通风吊顶和发光吊顶。

2. 工程量计算规则

按设计图示尺寸以水平投影面积计算。天棚面中的灯槽及艺术吊顶天棚的面积不展开计算。不扣除间壁墙、检查口、附墙烟囱、柱垛和管道所占面积，扣除单个 $>0.3m^2$ 的孔洞、独立柱及与天棚相连的窗帘盒所占的面积。

3. 实训练习

【例6-4】某房屋装修安装艺术吊顶，图6-7所示为该房屋装修吊顶平面图。试计算其工程量。

【解】清单工程量计算如下。

清单工程量计算规则：按设计图示尺寸以水平投影面积计算。

艺术造型吊顶工程量为：$S = 4.5 \times 3 = 13.5\ (m^2)$

【小贴士】式中：4.5为吊顶横向长度，3为吊顶竖向长度。

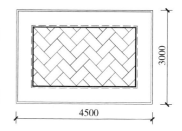

图6-7 某房屋装修吊顶平面图

6.2.4 格栅吊顶

1. 格栅吊顶的优点

（1）在相同的载荷条件下，可以减少支撑结构的材料。外观优美，风阻小，通风敞亮，给人以流畅的现代感。

（2）让房间有更大的空间。它比传统的吊顶容易组装和拆卸，而且龙骨的变形容易，这在一些市场上很受业内人士的欢迎。此外，其可增强空间感，扩大视野，减轻顶棚的压力，并与通风设施和消防洒水装置结合，使整体视觉效果更好。

（3）格栅吊顶，有方形、吊坠、挂板等种类，由于其形式多样，款式丰富，具有良好的开放式设计的特征。其设计效果已被许多人所喜爱，所以也被称为开放式吊顶。金属格栅是吊顶的主要材料，材料更轻巧，应用范围更广。

（4）平面型钢格板是应用最广泛的钢格板，主要用于平台、过道，以及各种沟盖、踏板等。齿形钢格板与平面式钢格板相比，其具有更好的防滑效果。工字型钢格板与平面型钢格板相比，其在承载能力较小的情况下具有重量轻、经济性好的特点。

2. 施工工艺

（1）工艺流程：提料与现场检查测量→放线→安装吊杆→安装主龙骨及边龙骨→安装格栅→调整→收边。

（2）操作要点。

1）提料与现场检查测量：首先检查确认主体已完工，屋面防水已施工完成，验收合格。平面布置分隔间墙施工完成。吊顶内的通风、空调、消防、给水排水管道及上人吊顶内的人行或安装通道应安装完成，各类管道试压完毕。棚内电气管线敷设完成，验收合格。吊顶内天棚墙面孔洞处理完成。然后根据设计要求及房间的跨度，现场实际情况，确定吊点和预埋件的数量，计算所需要的承载龙骨、T形龙骨及L形边龙骨以及格栅的数量。

2）放线：根据水平控制线，量出设计要求的顶棚标高，并在四周墙面弹出水平标准线，要平直，偏差不得超过±5mm。按照设计确定的吊点及主龙骨位置在楼板底面上弹出主龙骨位置控制线，并确定顶棚上嵌入式设备的位置，做明显标记。应注意避免在顶棚上安装嵌入式设备时切断承载主龙骨。如结构屋顶为网架或桁架等轻型钢结构，放线时先确定好主龙骨及吊杆位置并据此确定吊顶附加承重结构的施工方案。

3）安装吊杆：吊杆的形式、材质、断面尺寸及连接构造等均须符合设计要求。通常采用直径为6~10mm的冷拔钢筋或全螺纹螺杆制作。冷拔钢筋吊杆顶端焊制角码，通过M8~M12的膨胀螺栓与混凝土结构顶棚连接，下端加工或焊接直径为100mm左右的螺纹以连接轻钢龙骨吊件。全螺纹螺杆顶端可采用内膨胀螺栓与混凝土顶棚连接。

当吊杆长度大于1500mm时应增设反向支撑杆。主龙骨端部与吊点的距离不大于300mm。吊杆间距一般为900~1200mm，最大不得超过1500mm。当吊杆位置与吊顶内设备、管道冲突时可加设型钢扁担，所选型钢规格应与扁担跨度相符。如扁担上承载的吊杆超过2根，扁担吊杆直径应适当增加。网架结构、轻型钢屋架结构吊顶施工前应先行根据吊杆布置情况布置吊顶荷载承重结构，根据现场实际情况可选用轻型钢结构或木结构。施工中应特别注意不得采用焊接、钻孔等削弱原结构承载力的施工工艺，建议采用卡具与屋架结构连接。

4）安装主龙骨及边龙骨：安装主龙骨须将主龙骨按设计要求的位置、距离与方向，用吊挂件连接在吊杆上。一般主龙骨应平行房间长边安装。间距根据格栅的规格、质量确定，一般不大于1500mm。主龙骨接长采用主龙骨连接件连接，两根相邻的主龙骨接头不得处于同一吊杆档内，每段主龙骨不得少于两个吊挂点。龙骨临时固定后，在其下边按吊顶设计标高拉水平通线调平，同时考虑顶棚起拱高度不小于房间短跨的1/200，调平时可转动吊杆螺栓升降即可完成。L形铝合金边龙骨应以自攻螺钉沿已弹好的吊顶标高控制线在四周墙面的木楔上安装。固定点间距不得大于300mm，木楔应做防腐处理。

5）安装格栅：格栅安装前应先在地面上按设计大样进行组装，每块纵横尺寸不宜大于1500mm，拼装中应注意相同方向相邻两根格栅板接头应相互错开，并保证其底面在同一水平面上。每块格栅板应顺直，不得有歪斜、弯曲、变形之处。纵横方向格栅板间应相互插卡牢固、咬合严密。格栅拼装完成后，用专用卡挂件逐块安装在主龙骨上。卡挂件安装间距按设计要求或格栅安装说明确定。在安装的同时应将先后安装的格栅板底标高调平。如在顶棚设有灯具、通风口时，必须按设计要求的位置、结构、构造，安装在附加的承载龙骨上。

6）调整、收边：格栅安装完成后，拉通线对整个顶棚表面和分格、分块、分缝进行调平调直，保证顶棚表面平整，分块、分缝均匀一致，通畅顺直，无宽窄不一、弯曲不直的现象。吊顶周边采用L形铝合金边角收边，中间T形龙骨分格条卡挂在龙骨上。T形龙骨应整体顺直，接缝平整。顶棚上灯具、通风口及烟感喷淋等装置安装应单独设置吊挂系统，完成后应统一调整，确保顶棚与灯具等镶嵌吻合，灯具、通风口等明装设备应整齐顺直。

3. 工程量计算规则

按设计图示尺寸以水平投影面积计算。

4. 实训练习

【例6-5】某办公室装修安装格栅吊顶，如图6-8所示，吊顶规格为125mm×125mm×4.5mm铝格栅吊顶，吊顶连接采用膨胀螺栓及连接件，与顶板连接。试求其工程量并计价。

【解】1. 清单工程量

按设计图示尺寸以水平投影面积计算。

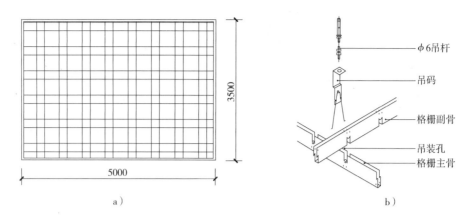

图 6-8　格栅吊顶示意图

a）屋面平面图　b）安装节点示意图

格栅吊顶工程量：$3.5 \times 5 = 17.5$（m^2）

【小贴士】式中：3.5 为吊顶的宽，5 为吊顶长。

2. 定额工程量

定额工程量同清单工程量。

3. 计价

套《河南省房屋建筑与装饰工程预算定额》（HA-01-31-2016）子目 13-217 见表 6-7。

表 6-7　格栅吊顶　　　　　　　　　　　（单位：100m²）

定额编号		13-217
项目		铝合金格栅吊顶天棚
		铝格栅（包括吊配件）规格/mm
		$125 \times 125 \times 4.5$
基价（元）		5903.74
其中	人工费（元）	1228.12
	材料费（元）	3882.50
	机械使用费（元）	163.21
	其他措施费（元）	41.29
	安文费（元）	89.74
	管理费（元）	225.43
	利润（元）	162.18
	规费（元）	111.27

格栅吊顶计价：$17.5/100 \times 5903.74 = 1033.15$（元）

6.2.5　吊筒吊顶

1. 吊筒吊顶清单项目特征应描述的内容

（1）底层厚度、砂浆配合比。

（2）吊筒形状、规格、颜色、材料种类。

（3）防护材料种类。

（4）油漆品种、刷漆遍数。

2. 吊筒吊顶清单项目所包括的工程内容

（1）基层清理。

（2）底层抹灰。

（3）吊筒安装。

（4）刷防护材料、油漆。

3. 工程量计算规则

按设计图示尺寸以水平投影面积计算。

4. 实训练习

【例6-6】某大型商场一家餐厅装修采用吊筒吊顶（墙厚为240mm），如图6-9所示。试根据图示信息计算该工程的工程量。

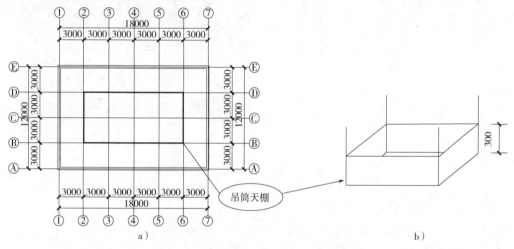

图6-9　吊筒吊顶天棚平面及三维示意图

a）房屋平面图　b）吊筒三维示意图

【解】清单工程量计算如下。

清单工程量计算规则：按设计图示尺寸以水平投影面积计算。

吊筒吊顶工程量：$S = (18 - 0.24) \times (12 - 0.24) = 208.86 \, (\text{m}^2)$

【小贴士】式中：$18 - 0.24$ 为屋面长减去墙厚，$12 - 0.24$ 为屋面宽减去墙厚。

6.2.6　藤条造型悬挂吊顶

1. 藤条造型悬挂吊顶清单项目特征应描述的内容

（1）底层厚度、砂浆配合比。

（2）骨架材料种类、规格。

（3）面层材料品种、规格、颜色。

（4）防护层材料种类。

（5）油漆品种、刷漆遍数。

2. 藤条造型悬挂吊顶清单项目所包括的工程内容

（1）基层清理。

（2）底层抹灰。

（3）龙骨安装。

（4）铺贴面层。

（5）刷防护材料、油漆。

3. 工程量计算规则

按设计图示尺寸以水平投影面积计算。

4. 实训练习

【例6-7】 某花店店铺装修，如图6-10所示。试计算其工程量。

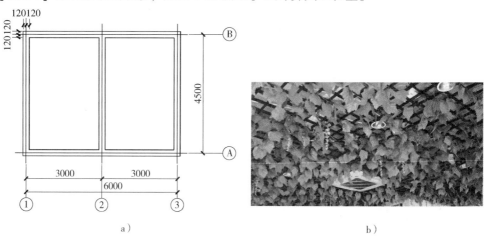

a）   b）

图6-10　花店店面装修示意图

a）花店平面图　b）藤条造型实物图

【解】 清单工程量计算如下。

清单工程量计算规则：按设计图示尺寸以水平投影面积计算。

藤条造型悬挂吊顶工程量：$S = (6 - 0.48) \times (4.5 - 0.24) = 23.51$（$m^2$）

【小贴士】 式中：$6 - 0.48$为两间屋面的长减去墙厚，$4.5 - 0.24$为屋面宽度减去墙厚。

6.2.7　织物软雕吊顶

1. 织物软雕吊顶清单项目特征应描述的内容

（1）底层厚度、砂浆配合比。

（2）骨架材料种类、规格。

（3）面层材料品种、规格、颜色。

（4）防护层材料种类。

（5）油漆品种、刷漆遍数。

2. 织物软雕吊顶清单项目所包括的工程内容

（1）基层清理。

（2）底层抹灰。

（3）龙骨安装。

（4）铺贴面层。

（5）刷防护材料、油漆。

3. 工程量计算规则

按设计图示尺寸以水平投影面积计算。

4. 实训练习

【例6-8】某房屋装修采用织物软雕吊顶天棚示意图如图6-11所示，图中墙厚为240mm。试根据图示信息计算该工程的工程量。

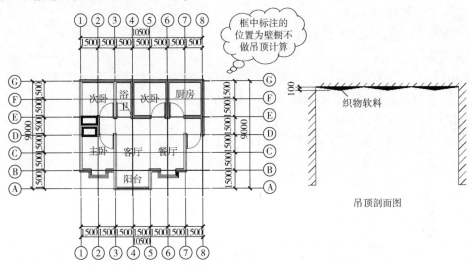

图6-11　某房屋装修织物软雕吊顶天棚示意图

【解】清单工程量计算如下。

清单工程量计算规则：按设计图示尺寸以水平投影面积计算。

织物软雕吊顶工程量为：

$$\begin{aligned}
S =\ & (3-0.24)\times(3-0.24)+(3-0.24)\times(3-0.24)+(1.5-0.24)\times(3-0.24)+ \\
& (3-0.24)\times(3-0.24)+(3-0.24)\times(3-0.24)+(3-0.12)\times(3-0.12)+ \\
& (3-0.12)\times(3-0.12)+(1.5-0.12)\times(3-0.24)+(1.5-0.12)\times(1.5-0.24)+ \\
& (1.5-0.12)\times6+(1.5-0.12)\times(1.5-0.24) \\
=\ & 66.11\ (\text{m}^2)
\end{aligned}$$

【小贴士】式中：$(3-0.24)\times(3-0.24)$ 为主卧面积；$(3-0.24)\times(3-0.24)$ 为次卧面积；$(1.5-0.24)\times(3-0.24)$ 为浴卫面积；$(3-0.24)\times(3-0.24)$ 为次卧面积；$(3-0.24)\times(3-0.24)$ 为厨房面积；$(3-0.12)\times(3-0.12)$ 为餐厅面积；$(3-0.12)\times(3-0.12)$ 为客厅面积；$(1.5-0.12)\times(3-0.24)$ 为阳台面积；$(1.5-0.12)\times(1.5-0.24)+(1.5-0.12)\times6+(1.5-0.12)\times(1.5-0.24)$ 为走廊面积。

6.2.8　装饰网架吊顶

1. 网架（装饰）吊顶清单项目特征应描述的内容

（1）底层厚度、砂浆配合比。

（2）面层材料品种、规格、颜色。

（3）防护材料品种。

（4）油漆品种、刷漆遍数。

2. 网架（装饰）吊顶清单项目所包括的工程内容

（1）基层清理。

（2）底层抹灰。

（3）面层安装。

（4）刷防护材料、油漆。

3. 工程量计算规则

按设计图示尺寸以水平投影面积计算。

4. 实训练习

【例6-9】某大型商业中心两商场间步行街为考虑实用与美观采用安装网架（装饰）吊顶，如图6-12所示。试根据图示信息计算该工程的工程量。

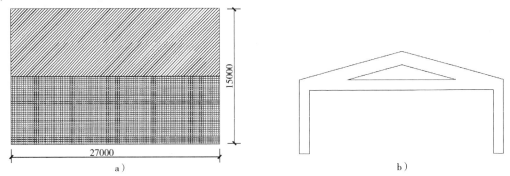

图6-12　网架（装饰）吊顶天棚

a）网架（装饰）吊顶平面示意图　b）网架（装饰）吊顶侧面图

【解】清单工程量计算如下。

清单工程量计算规则：按设计图示尺寸以水平投影面积计算。

装饰网架吊顶工程量：$S = 27 \times 15 = 405$（m^2）

【小贴士】式中：27为吊顶的长，15为吊顶的宽。

6.3　天棚其他装饰

6.3.1　灯带（槽）

1. 灯带的概念与特点

（1）灯带的概念。灯带是指把LED灯用特殊的加工工艺焊接在铜线或者带状柔性线路板上面，再连接上电源发光，因其发光时形状如一条光带而得名，又称灯槽。

（2）灯带的特点。

1）柔软：能像电线一样卷曲。

2）能够被剪切和连接。

3）灯泡与电路被完全包覆在柔性塑料中，绝缘、防水性能好，使用安全。

4）耐气候性强。

5）不易破裂、使用寿命长。

6）易于制作图形、文字等造型。

2. 灯带清单项目特征描述与工程内容

（1）灯带清单项目特征应描述的内容包括：

1）灯带形式、尺寸。

2）格栅片材料品种、规格、品牌、颜色。

3）安装固定方式。

（2）灯带清单项目所包括的工程内容有：安装、固定。

3. 工程量计算规则

灯带清单工程量按设计图示尺寸以框外围面积计算。

4. 实训练习

【例 6-10】某房屋装修吊顶安装灯带，如图 6-13 所示。试计算其工程量。

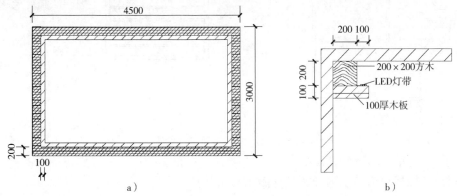

图 6-13　灯带示意图

a）吊顶平面图　b）灯带细部节点图

【解】清单工程量计算如下。

清单工程量计算规则：灯带清单工程量按设计图示尺寸以框外围面积计算。

灯带工程量：$S = (3 - 0.4) \times 0.1 \times 2 + (4.5 - 0.4 - 0.2) \times 0.1 \times 2 = 1.3 \ (\text{m}^2)$

【小贴士】式中：$(3 - 0.4) \times 0.1 \times 2$ 为竖向灯带面积；$(4.5 - 0.4 - 0.2) \times 0.1 \times 2$ 为横向灯带面积。

6.3.2　送风口、回风口

1. 送风口与回风口的概念

（1）送风口的概念。送风口的布置应根据室内温湿度参数、允许风速并结合建筑物的特点、内部装修、工艺布置，及设备散热等因素综合考虑。具体来说，对于一般的空调房间，应均匀布置，保证不留死角。一般一个柱网布置四个风口。

（2）回风口的概念。回风口是将室内的污浊空气抽回，一部分通过空调过滤送回室内，一部分通过排风口排出室外。

2. 送风口、回风口清单项目特征描述与工程内容

（1）送风口、回风口清单项目特征应描述的内容。

1）风口材料品种规格、品牌、颜色。

2）安装固定方式。

3）防护材料种类。

（2）送风口、回风口清单项目所包括的工程内容。

1）安装、固定。

2）刷防护材料。

3. 工程量计算规则

送风口、回风口清单工程量按设计图示数量计算。

4. 实训练习

【例6-11】某写字楼办公室安装送风口，风口为铝合金材质，如图6-14所示。试计算其工程量并对其计价。

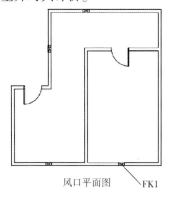
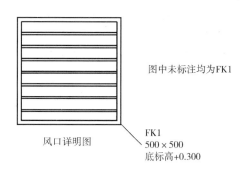

图中未标注均为FK1

FK1
500×500
底标高+0.300

风口详明图

风口平面图　FK1

图6-14　某办公室风口示意图

【解】1. 清单工程量计算规则

送风口、回风口清单工程量按设计图示数量计算。

送风口、回风口工程量：4个。

2. 定额工程量

定额工程量同清单工程量。

3. 计价

套《河南省房屋建筑与装饰工程预算定额》（HA-01-31-2016）子目13-239见表6-8。

表6-8　送风口回风口安装　　　　　　　　　（单位：个）

定额编号		13-239	13-240	13-241	13-242
项目		铝合金		硬木	
		送风口	回风口	送风口	回风口
基价（元）		123.63	102.63	92.13	92.13
其中	人工费（元）	12.29	12.29	12.29	12.29
	材料费（元）	105.00	84.00	73.50	73.50
	机械使用费（元）	—	—	—	—
	其他措施费（元）	0.42	0.42	0.42	0.42
	安文费（元）	0.90	0.90	0.90	0.90
	管理费（元）	2.27	2.27	2.27	2.27
	利润（元）	1.63	1.63	1.63	1.63
	规费（元）	1.12	1.12	1.12	1.12

送风口组价：4×123.63＝494.52（元）

第7章 油漆、涂料、裱糊工程

7.1 木材面油漆

1. 概念

木材面主要指各种木门窗、木扶手、木板、纤维板、胶合板、木地板以及其他木装修的表面。

2. 使用要求

（1）油漆浅、中、深各种颜色已在定额中综合考虑，颜色不同时，不易进行调整。

（2）定额综合考虑了在同一平面上的分色，但美术图案需另外计算。

（3）木材面硝基清漆项目中每增加刷理漆片一遍项目和每增加硝基清漆一遍项目均适用于三遍以内。

（4）木材面聚酯清漆、聚酯色漆项目，当设计与定额取定的底漆遍数不同时，可按每增加聚酯清漆（或聚酯色漆）一遍项目进行调整，其中聚酯清漆（或聚酯色漆）调整为聚酯底漆，消耗量不变。

（5）木材面刷底油一遍、清油一遍可按相应底油一遍、熟桐油一遍项目执行，其中熟桐油调整为清油，消耗量不变。

（6）木门、木扶手、其他木材面等刷漆，按熟桐油、底油、生漆两遍项目执行。

（7）木门油漆应区分木大门、单层木门、双层（一玻一纱）木门、双层（单裁口）木门、全玻自由门、半玻自由门、装饰门及有框门或无框门等项目，分别编码列项。

（8）木窗油漆应区分单层木门、双层（一玻一纱）木窗、双层框扇（单裁口）木窗、双层框三层（二玻一纱）木窗、单层组合窗、双层组合窗、木百叶窗、木推拉窗等项目，分别编码列项。

3. 木材面油漆清单计算规则

1）木门油漆、木窗油漆：以平方米计量，按设计图示洞口尺寸以面积计算。

2）木扶手油漆，窗帘盒油漆、封檐板、顺水板油漆，挂衣板、黑板框油漆，挂镜线、窗帘棍油漆，木线条油漆：以米计量，按设计图示尺寸以长度计算。

3）木护墙、木墙裙油漆，窗台板、筒子板、盖板、门窗套、踢脚线油漆，清水板条天棚、檐口油漆，木方格吊顶天棚油漆，吸声板墙面、天棚面油漆，暖气罩油漆，其他木材面：以平方米计量，按设计图示尺寸以面积计算。

4）木间壁、木隔断油漆，玻璃间壁露明墙筋油漆，木栅栏、木栏杆（带扶手）油漆：以平方米计量，按设计图示尺寸以单面外围面积计算。

5）衣柜、壁柜油漆，梁柱饰面油漆，零星木装修油漆：以平方米计量，按设计图示尺寸以油漆部分展开面积计算。

6）木地板油漆，木地板烫硬蜡面：以平方米计量，按设计图示尺寸以面积计算。空洞、空圈、暖气包槽、壁龛的开口部分并入相应的工程量内。

4. 实训练习

【例7-1】某建筑首层平面分别如图7-1、图7-2所示，木材面门洞尺寸如图7-3所示，对木门涂刷底油一遍。求其木材面油漆工程量并计价。

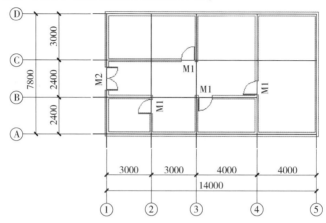

图7-1 木材面油漆示意图

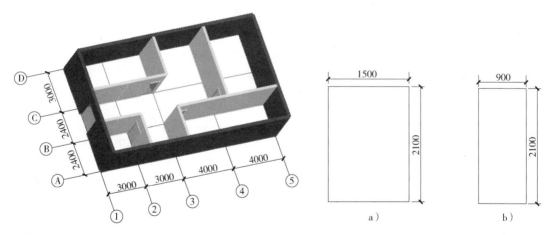

图7-2 木材面油漆三维示意图

图7-3 木材面门洞尺寸

a）M1尺寸 b）M2尺寸

【解】1. 清单工程量

清单工程量计算规则：以平方米计量，按设计图示洞口尺寸以面积计算。

木门油漆工程量 = 1.5 × 2.1 + 0.9 × 2.1 × 4 = 10.71（m²）

2. 定额工程量

定额工程量同清单工程量。

【小贴士】式中：1.5 × 2.1为M1大门木门门洞口面积；0.9 × 2.1为M2内门木门门洞口面积；4为内门木门数量。

3. 计价

套《河南省房屋建筑与装饰工程预算定额》（HA-01-31-2016）中子目14-1，见表7-1。

表 7-1　木门油漆　（单位：100m²）

定额编号	14-1	14-2	14-3
项目	单层木门		
	刷底油	润油粉、满刮腻子	每增加一遍调和漆
	调和漆二遍		
基价（元）	4155.50	5974.84	1268.02
其中 / 人工费（元）	2148.54	3277.61	622.09
材料费（元）	1041.36	1223.78	366.28
机械使用费（元）	—	—	—
其他措施费（元）	72.18	110.14	20.90
安文费（元）	156.87	239.38	45.43
管理费（元）	298.09	454.86	86.33
利润（元）	243.95	372.25	70.56
规费（元）	194.51	296.82	56.34

计价：$10.71/100 \times 4155.50 = 445.05$（元）

7.2　金属制品表面油漆

1. 概念

金属面主要指各种钢门窗、钢屋架、钢檩条、钢支撑及铁栏杆、铁爬杆、镀锌铁皮等金属制品的表面。

2. 使用要求

（1）金属面油漆项目均考虑为手工除锈，如实际为机械除锈，应按定额中相应项目执行，油漆项目中的除锈用工亦不扣除。

（2）金属门油漆应区分平开门、推拉门、钢制防火门等项目，分别编码列项。

（3）金属窗油漆应区分平开窗、推拉窗、固定窗、组合窗、金属格栅窗等项目，分别编码列项。

7.2.1　金属门油漆

1. 概念

金属门是常见的居室门类型，包括卷帘门、伸缩门、实腹门、空腹门等。

2. 金属门油漆计算规则

（1）清单工程量计算规则：以平方米计量，按设计图示洞口尺寸以面积计算。

（2）定额工程量计算规则：以平方米计量，按设计图示洞口尺寸以展开面积计算。

3. 实训练习

【例7-2】某建筑首层分别如图7-4、图7-5所示，金属门门洞尺寸为900mm×2100mm，对金属门涂刷底漆，选择冷固环氧树脂漆涂刷两遍。试求其工程量并计价。

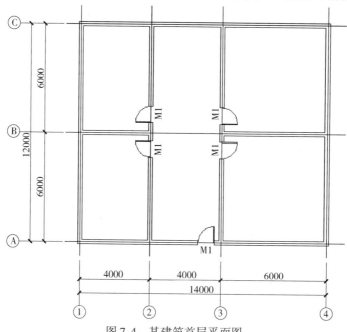

图 7-4　某建筑首层平面图

【解】1. 清单工程量

清单工程量计算规则：以平方米计量，按设计图示洞口尺寸以面积计算。

金属门油漆工程量 = 0.9 × 2.1 × 5 = 9.45（m^2）

2. 定额工程量

定额工程量计算规则：以平方米计量，按设计图示尺寸以展开面积计算。

金属门油漆工程量 = 0.9 × 2.1 × 5 = 9.45（m^2）

【小贴士】式中：0.9 × 2.1 为金属门门洞口面积；5 为金属门数量。

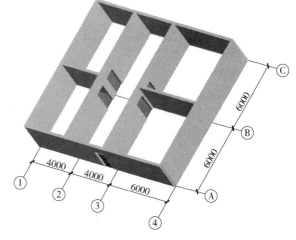

图 7-5　某建筑首层三维示意图

3. 计价

套《河南省房屋建筑与装饰工程预算定额》（HA-01-31-2016）中子目 14-137，见表 7-2。

表 7-2　金属门油漆 （单位：100m^2）

定额编号	14-137	14-138	14-138	14-140
项目	金属面			
	冷固环氧树脂漆			
	底漆		面漆	
	二遍	每增加一遍	二遍	每增加一遍
基价（元）	3407.64	1736.14	2860.74	1430.91

（续）

其中	人工费（元）	1204. 53	654. 76	877. 29	418. 97
	材料费（元）	1022. 35	427. 37	949. 49	463. 68
	机械使用费（元）	639. 52	359. 73	639. 52	359. 73
	其他措施费（元）	40. 46	22. 00	29. 48	14. 09
	安文费（元）	87. 93	47. 81	64. 08	30. 63
	管理费（元）	167. 08	90. 84	121. 77	58. 20
	利润（元）	136. 74	74. 35	99. 65	47. 63
	规费（元）	109. 03	59. 28	79. 46	37. 98

计价：$9.45/100 \times 3407.64 = 322.02$（元）

7.2.2　金属窗油漆

1. 金属窗油漆计算规则

（1）清单工程量计算规则：以平方米计量，按设计图示尺寸以展开面积计算。

（2）定额工程量计算规则：以平方米计量，按设计图示洞口尺寸以面积计算。

2. 实训练习

【例7-3】某建筑首层平面图如图7-6、图7-7所示，金属窗洞口尺寸为1500mm×2100mm，对金属窗涂刷底漆，选择环氧呋喃树脂漆涂刷两遍。求其工程量并计价。

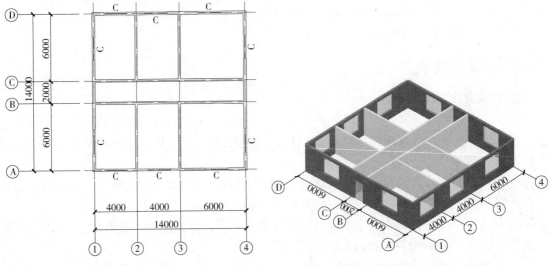

图7-6　金属窗油漆示意图　　　　图7-7　金属窗油漆三维示意图

【解】1. 清单工程量

清单工程量计算规则：以平方米计量，按设计图示洞口尺寸以面积计算。

金属窗油漆工程量 $= 1.5 \times 2.1 \times 10 = 31.5$（m^2）

2. 定额工程量

定额工程量计算规则：以平方米计量，按设计图示尺寸以展开面积计算。

金属窗油漆工程量 $= 1.5 \times 2.1 \times 10 = 31.5$（m^2）

【小贴士】式中：1.5×2.1为金属窗洞口面积；10为金属窗数量。

3. 计价

套《河南省房屋建筑与装饰工程预算定额》（HA-01-31-2016）中子目14-141，见表7-3。

表7-3　金属窗油漆　　　　　　　（单位：100m²）

定额编号	14-141	14-142	14-143	14-144
项目	金属面			
	环氧树脂漆			
	底漆		面漆	
	二遍	每增加一遍	二遍	每增加一遍
基价（元）	3179.90	1611.87	2687.94	1349.14
其中 人工费（元）	1086.82	589.17	785.61	379.69
材料费（元）	965.20	397.93	909.40	439.28
机械使用费（元）	639.52	359.73	639.52	359.73
其他措施费（元）	36.50	191	26.42	12.74
安文费（元）	79.34	43.06	57.42	27.69
管理费（元）	150.76	81.82	109.10	52.62
利润（元）	123.38	66.96	89.28	43.06
规费（元）	98.38	53.39	71.19	34.33

计价：31.5/100×3179.90＝1001.67（元）

7.2.3　金属面油漆

1. 金属面油漆计算规则

（1）清单工程量计算规则：以平方米计量，按设计图示洞口尺寸以面积计算。

（2）定额工程量计算规则：以平方米计量，按设计图示尺寸以展开面积计算。

2. 使用要求

（1）当设计要求金属面刷两遍防锈漆时，按金属面刷防锈漆一遍项目执行，其中人工乘以系数1.74，材料均乘以系数1.90。

（2）金属面油漆项目均考虑为手工除锈，如实际为机械除锈，应按定额中相应项目执行，油漆项目中的除锈用工亦不扣除。

（3）执行金属平板屋面、镀锌铁皮面（涂刷磷化、锌黄底漆）油漆的项目，其工程量计算规则及相应的系数见表7-4。

表7-4　工程量计算规则和系数表

	项目	系数	工程量计算规则（设计图示尺寸）
1	平板屋面	1.00	斜长×宽
2	瓦垄板屋面	1.20	
3	排水、伸缩缝盖板	1.05	展开面积

（续）

	项目	系数	工程量计算规则（设计图示尺寸）
4	吸气罩	2.20	水平投影面积
5	包镀锌薄钢板门	2.20	门窗洞口面积

注：多面涂刷按单面计算工程量。

3. 实训练习

【例 7-4】 某建筑首层分别如图 7-8、图 7-9 所示，包镀锌薄钢板门门洞尺寸为 900mm × 2100mm，对其涂刷底漆，选择磷化、锌黄底漆各一遍。求其工程量并计价。

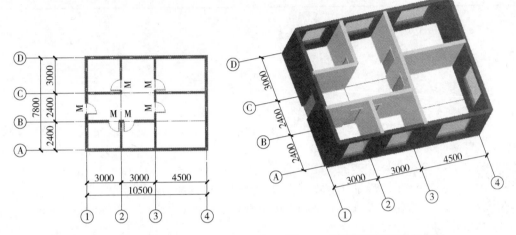

图 7-8　某建筑首层平面图　　　　图 7-9　某建筑首层三维示意图

【解】 1. 清单工程量

清单工程量计算规则：以平方米计量，按设计图示洞口尺寸以面积计算。

包镀锌薄钢板门油漆工程量 = 0.9 × 2.1 × 6 = 11.34（m²）

2. 定额工程量

定额工程量计算规则：以平方米计量，按设计图示尺寸以门窗洞口面积计算，乘以系数 2.2。

包镀锌薄钢板门油漆工程量 = 0.9 × 2.1 × 6 × 2.2 = 24.95（m²）

【小贴士】 式中：0.9 × 2.1 为包镀锌薄钢板门洞口面积；6 为包镀锌薄钢板门数量。

3. 计价

套《河南省房屋建筑与装饰工程预算定额》（HA-01-31-2016）中子目 14-179，见表 7-5。

表 7-5　金属面油漆　　　　　　　　　　（单位：100m²）

定额编号	14-178	14-179
	金属面	镀锌铁皮面
项目	环氧富锌防锈漆 一遍	磷化、锌黄底漆 各一遍
基价（元）	678.72	1069.12

（续）

	人工费（元）	258.92	478.07
	材料费（元）	303.64	376.09
	机械使用费（元）	—	—
其	其他措施费（元）	8.68	16.07
中	安文费（元）	18.87	34.92
	管理费（元）	35.86	66.36
	利润（元）	29.35	54.31
	规费（元）	23.40	43.30

计价：$24.95/100 \times 1069.12 = 266.75$（元）

7.2.4 金属构件油漆

1. 使用要求

（1）金属构件质量按设计图示尺寸乘以理论质量计算。

（2）金属构件计算工程量时，不扣除单个面积不大于 $0.3m^2$ 的孔洞质量，焊缝、铆钉、螺栓等不另增加。

2. 金属构件油漆计算规则

（1）清单工程量计算规则：以吨计量，按设计图示尺寸以质量计算。

（2）定额工程量计算规则：以吨计量，按设计图示尺寸以斜长×宽计算。

3. 实训练习

【例7-5】某建筑分别如图7-10、图7-11所示，钢屋面斜面板尺寸分别为 $5884mm \times 11000mm$ 和 $5590mm \times 11000mm$，采用 $8mm$ 厚钢板，对其涂刷银粉漆二遍。求其工程量并计价。

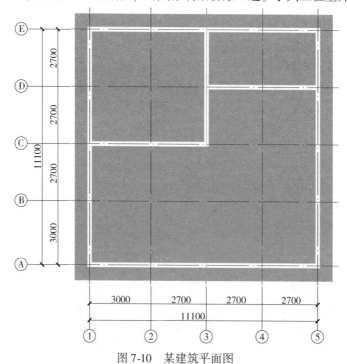

图 7-10 某建筑平面图

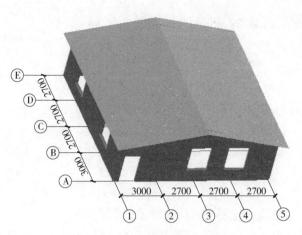

图 7-11　某建筑三维示意图

【解】1. 清单工程量

清单工程量计算规则：以吨计量，按设计图示尺寸以质量计算。

金属构件质量 = (5.884 + 5.590) × 11.1 × 62.8

　　　　　　 = 7998.30 (kg)

　　　　　　 = 8.00 (t)

2. 定额工程量

定额工程量计算规则：以吨计量，按设计图示尺寸以斜长 × 宽计算。

金属构件面积 = (5.884 + 5.590) × 11.1

　　　　　　 = 126.92 (m²)

【小贴士】式中：(5.884 + 5.590) × 11.1 为钢屋面的面积；62.8 为 8mm 厚钢板的理论质量。

3. 计价

套《河南省房屋建筑与装饰工程预算定额》(HA-01-31-2016) 中子目 14-176，见表 7-6。

表 7-6　金属构件油漆　　　　　　　　　　(单位：100m²)

	定额编号	14-176	14-177
	项目	金属面	镀锌铁皮面
		银粉漆二遍	氟碳漆
	基价 (元)	1104.79	9317.80
其中	人工费 (元)	559.93	3844.49
	材料费 (元)	293.04	3745.24
	机械使用费 (元)	—	—
	其他措施费 (元)	18.82	129.17
	安文费 (元)	40.91	280.75
	管理费 (元)	77.74	533.46
	利润 (元)	63.62	436.58
	规费 (元)	50.73	348.11

计价：126.92/100×1104.79 = 1402.20（元）

7.2.5 钢结构除锈

1. 概念

钢结构是由钢制材料组成的结构，是主要的建筑结构类型之一。结构主要由型钢和钢板等制成的梁钢、钢柱、钢桁架等构件组成，并采用硅烷化、纯锰磷化、水洗烘干、镀锌等除锈防锈工艺。各构件或部件之间通常采用焊缝、螺栓或铆钉连接。因其自重较轻，且施工简便，广泛应用于大型厂房、场馆、超高层等领域。

2. 使用要求

（1）机械或手工除锈按设计要求以构件质量计算。

（2）构件制作项目中未包括除锈工作内容，发生时套用相应项目。其中喷砂或抛丸除锈项目按 Sa2.5 除绣等级编制，如果设计为 Sa3 级则定额乘以系数 1.1，设计为 Sa2 级或 Sa1 级则定额乘以系数 0.75；手工及动力工具除锈项目按 St3 除锈等级编制，如果设计为 St2 级则定额乘以系数 0.75。

3. 计算规则

以吨计量，按设计图示尺寸乘以理论质量计算。

4. 实训练习

【例 7-6】如图 7-12、图 7-13 所示分别为钢平台的平面图和三维示意图，上下、左右弦杆采用 L110×8.0 的角钢，竖直支撑杆采用 16a 的槽钢，4 个面板尺寸为 500mm×1500mm 的 6mm 厚钢板，对此钢构件进行喷砂除锈。试计算其除锈工程量并计价。

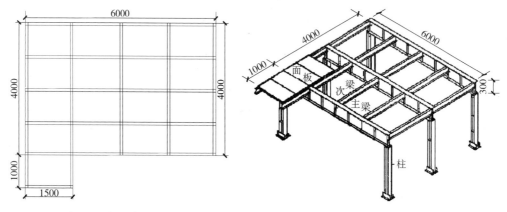

图 7-12　钢平台平面图　　　　　图 7-13　钢平台三维示意图

【解】1. 清单工程量

清单工程量计算规则：以吨计量，按设计图示尺寸乘以理论质量计算。

上下弦杆工程量 = 6.0×3×13.532 = 243.58（kg）= 0.244（t）

左右弦杆工程量 = 4.0×5×13.532 = 270.64（kg）= 0.271（t）

支撑杆工程量 =（0.3×9×3）×17.23 = 139.563（kg）= 0.140（t）

塞板的工程量 = 0.5×0.15×47.1×4 = 14.13（kg）= 0.014（t）

金属构件质量 = 0.244 + 0.271 + 0.140 + 0.014 = 0.669（t）

【小贴士】式中：6.0×3为上下弦杆所有角钢的总长度；4.0×5为上下弦杆所有角钢的总长度；0.3×9×3为支撑杆的总长度；13.532kg/m为L形110mm×8.0mm角钢的理论质量 17.23kg/m为16a槽钢的理论质量；47.1kg/m²为6mm厚钢板的理论质量。

2. 定额工程量

定额工程量同清单工程量。

3. 计价

套《河南省房屋建筑与装饰工程预算定额》（HA-01-31-2016）中子目6-40，见表7-7。

表7-7　金属构件油漆　　　　　　　　　　（单位：t）

定额编号		6-40	6-41	6-42
项目		喷砂除锈	抛丸除锈	手工及动力工具
基价（元）		419.64	298.35	678.12
其中	人工费（元）	106.37	53.18	335.70
	材料费（元）	15.12	57.25	26.82
	机械使用费（元）	214.47	138.63	89.01
	其他措施费（元）	5.41	3.22	14.82
	安文费（元）	11.75	7.01	32.21
	管理费（元）	32.18	19.18	88.18
	利润（元）	18.77	1.19	51.44
	规费（元）	14.57	8.69	39.94

计价：0.669×419.64=280.74（元）

7.3　抹灰工程油漆

7.3.1　抹灰面油漆

1. 使用要求

（1）抹灰面油漆、涂料（另做说明的除外）按设计图示尺寸以面积计算。

（2）抹灰面油漆和刷涂料工作内容中包括"刮腻子"，但又单独列有"满刮腻子"的项目，此项目只适用于仅做"满刮腻子"的项目，不得将抹灰面油漆和刷涂料中"刮腻子"的内容单独分出执行满刮腻子项目。

（3）墙面油漆应扣除墙裙、门窗洞口及单个面积大于0.3m²的孔洞面积，不扣除踢脚线、挂镜线和墙与构件交接处的面积，门窗洞口和孔洞的侧壁及顶面不增加面积；附墙柱、梁、垛、烟囱侧壁并入相应的墙面面积内；展开宽度大于300mm的装饰线条，按图示尺寸以展开面积并入相应墙面内。

（4）槽型底板、混凝土折瓦板、有梁板底、密肋梁板底、井字梁板底刷油漆、涂料，按设计图示尺寸展开面积计算。

（5）墙面及天棚面刷石灰油浆、白水泥、石灰浆、石灰大白浆、普通水泥浆、可赛银浆、大白浆等涂料工程量，按抹灰面积工程量计算规则。

2. 清单工程量计算规则

以平方米计量，按设计图示尺寸以面积计算。

3. 实训练习

【例7-7】某建筑首层分别如图7-14、图7-15所示，层高为3m，墙厚为240mm，门M尺寸为900mm×2100mm，窗C尺寸为1500mm×2100mm，对内墙涂刷调和漆。求其工程量并计价。

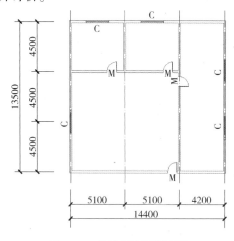

图7-14 某建筑首层平面图

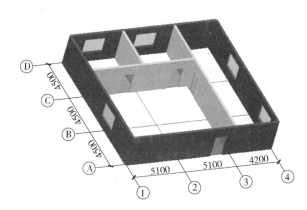

图7-15 某建筑首层三维示意图

【解】1. 清单工程量

清单工程量计算规则：以平方米计量，按设计图示尺寸以面积计算。

内墙面面积 = $[(13.5 - 0.24 \times 2) \times 2 + (4.5 - 0.24) \times 2 + (13.5 - 0.24) \times 2 + (14.4 - 0.24 \times 2) \times 2 + (5.1 \times 2 - 0.24 \times 2) \times 2] \times 3$

$= (26.04 + 8.52 + 26.52 + 27.84 + 19.44) \times 3$

$= 325.08$（m^2）

门窗洞所占面积 $= 0.9 \times 2.1 \times 4 + 1.5 \times 2.1 \times 5 = 23.31$（$m^2$）

抹灰面油漆工程量 $= 325.08 - 23.31 = 301.77$（$m^2$）

2. 定额工程量

定额工程量计算规则：定额工程量同清单工程量。

【小贴士】式中：1.5×2.1是窗洞口面积；0.9×2.1是门洞口面积。

3. 计价

套《河南省房屋建筑与装饰工程预算定额》（HA-01-31-2016）中子目14-189，见表7-8。

表7-8 金属面油漆 （单位：100m²）

定额编号	14-189	14-190
项目	调和漆墙面	
	满刮腻子、底油一遍 调和漆二遍	每增加遍调和漆
基价（元）	1500.91	328.45

（续）

其中	人工费（元）	713.74	148.78
	材料费（元）	466.48	112.89
	机械使用费（元）	—	—
	其他措施费（元）	23.97	4.99
	安文费（元）	52.10	10.85
	管理费（元）	99.00	20.62
	利润（元）	81.02	16.87
	规费（元）	64.60	13.45

计价：301.77/100×1500.91 = 4529.30（元）

7.3.2　抹灰线条油漆

1. 使用要求

踢脚线刷耐磨漆按设计图示尺寸长度计算。

2. 抹灰线条油漆计算规则

以米计量，按设计图示尺寸以长度计算。

3. 实训练习

【例7-8】某建筑首层分别如图7-16、图7-17所示，门 M 尺寸为900mm×2100mm，窗 C 尺寸为1500mm×1800mm，墙厚为0.24mm，在内墙设置踢脚线，踢脚线线宽为150mm，对其涂刷 KCM 耐磨漆。求抹灰线条油漆工程量并计价。

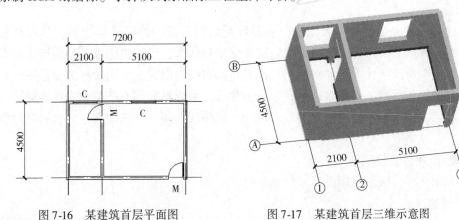

图7-16　某建筑首层平面图　　　　图7-17　某建筑首层三维示意图

【解】1. 清单工程量

清单工程量计算规则：以米计量，按设计图示尺寸以长度计算。

抹灰线条油漆工程量 = (4.5 - 0.24) × 4 + (7.2 - 0.24 × 2) × 2 - 0.9 × 4
　　　　　　　　　　 = 26.88（m）

2. 定额工程量

定额工程量同定额工程量。

【小贴士】式中：0.24 是内墙厚度。

3. 计价

套《河南省房屋建筑与装饰工程预算定额》（HA-01-31-2016）中子目 14-211，见表 7-9。

表 7-9 耐磨漆 （单位：100m）

定额编号	14-211	14-212
	KCM 耐磨漆	
项目	踢脚线	
	三遍	每增减一遍
基价（元）	541.58	201.63
其中 人工费（元）	327.36	131.19
材料费（元）	66.74	11.31
机械使用费（元）	—	—
其他措施费（元）	11.02	4.42
安文费（元）	23.96	9.61
管理费（元）	45.53	18.25
利润（元）	37.26	14.94
规费（元）	29.71	11.91

计价：$26.88/100 \times 541.58 = 145.58$（元）

7.3.3 满刮腻子

1. 概念

腻子（填泥）是平整墙体表面的一种装饰凝材料，是一种厚浆状涂料，是涂料粉刷前必不可少的一种产品。涂施于底漆上或直接涂施于物体上，用以清除被涂物表面上高低不平的缺陷。采用少量漆基、大量填料及适量的着色颜料配制而成，所用颜料主要是铁红色、炭黑色、铬黄色等。填料主要是重碳酸钙、滑石粉等。可填补局部有凹陷的工作表面，也可在全部表面刮除，通常是在底漆层干透后，施涂于底漆层表面。要求附着性好，烘烤过程中不产生裂纹。

2. 满刮腻子计算规则

以平方米计量，按设计图示尺寸以面积计算。

3. 实训练习

【例 7-9】某建筑首层分别如图 7-18、图 7-19 所示，层高为 3m，墙厚为 240mm，按设计要求天棚进行刮腻子，满刮腻子两遍。试计算满刮腻子工程量并计价。

【解】1. 清单工程量

清单工程量计算规则：以平方米计量，按设计图示尺寸以面积计算。

满刮腻子工程量 $= (7.2 - 0.24) \times (9.3 - 0.24) - (9.3 - 0.24) \times 0.24 - (7.2 - 0.24 \times 2) \times 0.24$

$\qquad = 59.27$（m^2）

【小贴士】式中：0.24 是墙厚。

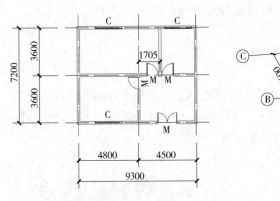

图 7-18　某建筑首层平面图

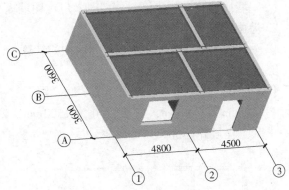

图 7-19　某建筑首层三维示意图

2. 定额工程量

定额工程量同清单工程量。

3. 计价

套《河南省房屋建筑与装饰工程预算定额》（HA-01-31-2016）中子目 14-250，见表 7-10。

表 7-10　金属构件油漆　　　　　　　（单位：100m²）

定额编号		14-249	14-250	14-251
项目		刮腻子		
		墙面	天棚面	每增减一遍
		满刮两遍		
基价（元）		1535.32	1882.88	642.01
其 中	人工费（元）	958.95	1198.68	392.78
	材料费（元）	145.05	145.05	72.52
	机械使用费（元）	—	—	—
	其他措施费（元）	32.24	40.30	13.21
	安文费（元）	70.07	87.59	28.71
	管理费（元）	133.15	166.44	54.55
	利润（元）	108.97	136.21	44.64
	规费（元）	86.89	108.61	35.60

计价：$59.27/100 \times 1882.88 = 1115.98$（元）

7.4　喷刷涂料

7.4.1　墙面喷刷涂料

1. 使用要求

（1）喷刷墙面涂料部位要注明内墙或外墙。

（2）墙面油漆和喷刷涂料外墙时，应注明墙面分割界缝做法。

2. 墙面喷刷涂料计算规则

以平方米计量，按设计图示尺寸以面积计算。

3. 实训练习

【例7-10】某建筑首层分别如图7-20、图7-21所示，层高为3m，墙厚为240mm，门M尺寸为900mm×2100mm，窗C尺寸为1500mm×2100mm，对内墙喷刷涂料，使用胶砂喷涂。求其工程量并计价。

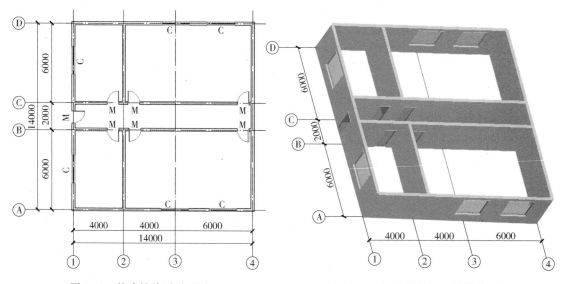

图7-20　某建筑首层平面图　　　　图7-21　某建筑首层三维示意图

【解】1. 清单工程量

清单工程量计算规则：以平方米计量，按设计图示尺寸以面积计算。

$$\begin{aligned}
墙面喷刷涂料工程量 &= [(14.0 - 0.24 \times 3) \times 8 + (14.0 - 0.24) \times 2] \times 3 - 0.9 \times 2.1 \times \\
&\quad 7 - 1.5 \times 2.1 \times 6 \\
&= 401.28 - 13.23 - 18.9 \\
&= 369.15 \ (m^2)
\end{aligned}$$

2. 定额工程量

定额工程量同清单工程量。

【小贴士】式中：1.5×2.1是窗洞口面积；9×2.1是门洞口面积。

3. 计价

套《河南省房屋建筑与装饰工程预算定额》（HA-01-31-2016）中子目14-241，见表7-11。

表7-11　金属面油漆　　　　　　　　　　（单位：100m²）

定额编号	14-241	14-242
项目	胶砂喷涂	彩砂喷涂
	墙面	
基价（元）	2820.69	6002.26

（续）

	人工费（元）	1567.03	1392.93
	材料费（元）	490.08	3948.39
	机械使用费（元）	58.86	34.83
其	其他措施费（元）	52.68	46.80
中	安文费（元）	114.49	101.72
	管理费（元）	217.55	193.28
	利润（元）	178.04	158.18
	规费（元）	141.96	126.13

计价：369.15/100×2820.69=10412.58（元）

7.4.2　天棚喷刷涂料

1. 使用要求

天棚、墙、柱面基层板缝粘贴胶带纸按相应天棚、墙、柱面基层板面积计算。

2. 天棚喷刷涂料计算规则

以平方米计量，按设计图示尺寸以面积计算。

3. 实训练习

【例 7-11】某建筑首层分别如图 7-22、图 7-23 所示，墙厚为 240mm，对除阳台以外的部分天棚面涂刷防霉涂料两遍。求其工程量并计价。

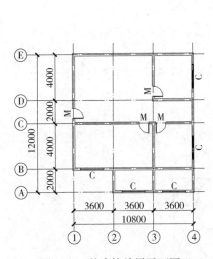

图 7-22　某建筑首层平面图

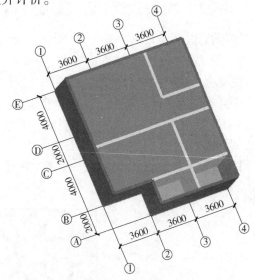

图 7-23　某建筑首层三维示意图

【解】1. 清单工程量

清单工程量计算规则：以平方米计量，按设计图示尺寸以面积计算。

天棚喷刷涂料工程量 =（4.0 + 2.0 + 4.0）×10.8 = 108（m²）

2. 定额工程量

定额工程量同清单工程量。

【小贴士】式中：（4.0＋2.0＋4.0）为天棚面的宽；10.8为天棚面的长。

3. 计价

套《河南省房屋建筑与装饰工程预算定额》（HA-01-31-2016）中子目14-255，见表7-12。

表7-12 天棚喷刷涂料 （单位：100m²）

定额编号	14-252	14-253	14-254	14-255
项目	抗碱封底涂料		防霉涂料三遍	
	墙面	天棚面	墙面	天棚面
基价（元）	1025.39	1143.49	2655.86	3034.58
其中 人工费（元）	1086.82	589.17	785.61	379.69
材料费（元）	965.20	397.93	909.40	439.28
机械使用费（元）	639.52	359.73	639.52	359.73
其他措施费（元）	36.50	191	26.42	12.74
安文费（元）	79.34	43.06	57.42	27.69
管理费（元）	150.76	81.82	109.10	52.62
利润（元）	123.38	66.96	89.28	43.06
规费（元）	98.38	53.39	71.19	34.33

计价：108/100×3034.580＝3277.35（元）

7.4.3 空花格、栏杆刷涂料和线条刷涂料

1. 使用要求

混凝土空花格、栏杆、花饰刷（喷）油漆、涂料按设计图示洞口面积计算。

2. 空花格、栏杆刷涂料、线条刷涂料计算规则

（1）清单工程量计算规则：以平方米计量，按设计图示尺寸以单面外围面积计算。

（2）定额工程量计算规则：以米计量，按设计图示以洞口面积计算。

3. 实训练习

【例7-12】某空花格窗如图7-24所示，尺寸为1200mm×1200mm，对其进行丙烯酸酯涂料喷涂。试计算其工程量并计价。

图7-24 空花格刷涂料示意图

【解】1. 清单工程量

清单工程量计算规则：以平方米计量，按设计图示尺寸以面积计算。

工程量 = $1.2 \times 1.2 = 1.44$（m^2）

【小贴士】式中：1.2×1.2 是空花格窗尺寸。

2. 定额工程量

定额工程量同清单工程量。

3. 计价

套《河南省房屋建筑与装饰工程预算定额》（HA-01-31-2016）中子目 14-224，见表 7-13。

表 7-13 空花格刷涂料 　　　　　　　　（单位：100m^2）

定额编号		14-222	14-223	14-224
项目		外墙丙烯酸酯涂料		混凝土花格窗栏杆花饰二遍
		墙面		
		二遍	每增加一遍	
基价（元）		412.98	502.63	1465.64
其中	人工费（元）	252.44	314.26	942.72
	材料费（元）	47.14	47.14	99.24
	机械使用费（元）	—	—	—
	其他措施费（元）	8.48	10.56	31.67
	安文费（元）	18.42	22.94	68.83
	管理费（元）	35.01	43.60	130.79
	利润（元）	28.65	35.68	107.04
	规费（元）	22.84	28.45	85.35

计价：$1.44/100 \times 1465.64 = 21.11$（元）

7.4.4 金属面刷防火涂料

1. 使用要求

金属面刷防火涂料项目按涂料密度 500kg/m^2 和项目中注明的涂刷厚度计算，当设计与定额取定的涂料密度、涂刷厚度不同时，防火涂料消耗量可调整。

2. 金属面刷防火涂料计算规则

（1）清单工程量计算规则：以平方米计量，按设计图示尺寸以展开面积计算。

（2）定额工程量计算规则：

①平板屋面、瓦笼板屋面：以平方米计量，按设计图示尺寸以面积计算。

②吸气罩：以平方米计量，按设计图示尺寸以水平投影面面积计算。

③包镀锌薄钢板门：以平方米计量，按设计图示尺寸以门窗洞口面积计算。

3. 实训练习

【例 7-13】某建筑中室内设置的吸气罩如图 7-25 所示，对其涂刷超薄型防火涂料，耐火时间为 1h，涂层厚度为 2mm。求其金属面涂刷防火涂料工程量并计价。

【解】1. 清单工程量

清单工程量计算规则：以平方米计量，按设计图示尺寸以展开面积计算。

金属面涂刷防火涂料工程量 $= 0.8 \times 0.8 \times 2 + 1.2 \times 0.8 \times 2 + 0.3 \times 0.8 \times 1/2 \times 4 = 3.68$（m²）

2. 定额工程量

定额工程量计算规则：以平方米计量，按设计图示尺寸以水平投影面面积计算。

金属面涂刷防火涂料工程量 $= 0.8 \times 1.2 \times 2.2$
$= 2.11$（m²）

【小贴士】式中：1.2×0.8是吸气罩水平投影面面积；2.2是折算系数。

3. 计价

套《河南省房屋建筑与装饰工程预算定额》（HA-01-31-2016）中子目14-181，见表7-14。

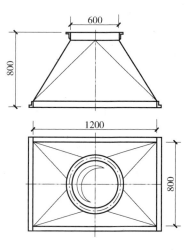

图7-25 某建筑中室内设置的吸气罩

表7-14 金属面刷防火涂料 （单位：100m²）

定额编号		14-180	14-181	14-182
项目		金属面		
		超薄型防火涂料（耐火时间、涂层厚度）		
		0.5h、1.5mm	1h、2mm	1.5h、2.5mm
基价（元）		2257.58	2879.37	3499.12
其中	人工费（元）	714.08	893.10	1071.34
	材料费（元）	862.50	1134.00	1405.50
	机械使用费（元）	360.51	450.87	540.88
	其他措施费（元）	23.97	30.00	35.98
	安文费（元）	52.10	65.21	78.21
	管理费（元）	99.00	123.92	148.61
	利润（元）	81.02	101.41	121.62
	规费（元）	64.60	80.86	96.98

计价：$2.11/100 \times 2879.37 = 60.75$（元）

7.4.5 金属构件刷防火涂料

1. 概念

防火涂料是用于可燃性基材表面，能降低被涂材料表面的可燃性、阻滞火灾的迅速蔓延，用以提高被涂材料耐火极限的一种特种涂料。

2. 金属构件刷防火涂料计算规则

以吨计量，按设计图示尺寸以质量计算。

3. 实训练习

【例7-14】如图7-26所示的钢栏杆，对其表面涂刷防火涂料。试计算其工程量并计价。（−50×5 钢板理论质量为1.96kg/m；−50×4 钢板理论质量为1.57kg/m）

【解】 1. 清单工程量

清单工程量计算规则：以吨计量，按设计图示尺寸以质量计算。

金属构件涂刷防火涂料工程量 = 4 × 3 × 1.96 + 1.2 × 5 × 1.57

$$= 32.96 \text{（kg）}$$

$$= 0.033 \text{（t）}$$

2. 定额工程量

定额工程量计算规则：以吨计量，按设计图示尺寸以质量计算。

金属构件涂刷防火涂料工程量 = 4 × 3 × 1.96 + 1.2 × 5 × 1.57 = 0.033（t）

质量在 500kg 以内，按照系数 64.98 将质量折算成面积。

0.033 × 64.98 = 2.14（m²）

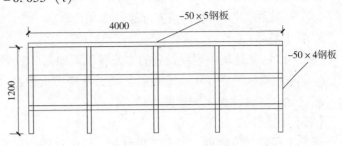

图 7-26 钢栏杆示意图

【小贴士】 式中：3 是 −50 × 5 钢板根数；4 是 −50 × 5 钢板长度；1.2 是 −50 × 4 钢板长度；5 是 −30 × 5 钢板根数；64.98 是折算系数。

3. 计价

套《河南省房屋建筑与装饰工程预算定额》（HA-01-31-2016）中子目 14-182，见表 7-15。

表 7-15 金属面刷防火涂料 （单位：100m²）

定额编号		14-180	14-181	14-182
项目		金属面		
		超薄型防火涂料（耐火时间、涂层厚度）		
		0.5h、1.5mm	1h、2mm	1.5h、2.5mm
基价（元）		2257.58	2879.37	3499.12
其中	人工费（元）	714.08	893.10	1071.34
	材料费（元）	862.50	1134.00	1405.50
	机械使用费（元）	360.51	450.87	540.88
	其他措施费（元）	23.97	30.00	35.98
	安文费（元）	52.10	65.21	78.21
	管理费（元）	99.00	123.92	148.61
	利润（元）	81.02	101.41	121.62
	规费（元）	64.60	80.86	96.98

计价：2.14/100 × 3499.12 = 74.88（元）

7.4.6 木材构件喷刷防火涂料

1. 使用要求

木龙骨刷防火涂料按四面涂刷考虑，木龙骨刷防腐涂料按一面（接触结构基层面）

考虑。

2. 木材构件喷刷防火涂料计算规则

（1）清单工程量计算规则：以平方米计量，按设计图示尺寸以面积计算。

（2）定额工程量计算规则。

1）木龙骨刷防火涂料：按设计图示尺寸以龙骨架投影面积计算。

2）基层板刷防火涂料：按实际涂刷面积计算。

3. 实训练习

【例7-15】某建筑中客厅设置的木龙骨吊顶如图7-27所示，木龙骨截面尺寸为40mm×40mm，对其涂刷防火涂料二遍。求其涂刷防火涂料工程量并计价。

【解】1. 清单工程量

清单工程量计算规则：以平方米计量，按设计图示尺寸以面积计算。

木材构件涂刷防火涂料工程量 = 4.4 × 6.0 = 26.4（m²）

2. 定额工程量

定额工程量计算规则：以平方米计量，按设计图示尺寸以龙骨架投影面积计算。

木材构件涂刷防火涂料工程量 = 4.4 × 6.0 = 26.4（m²）

【小贴士】式中：4.4 × 6.0 是木龙骨的水平投影面积。

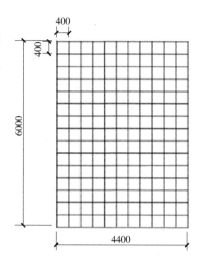

图7-27 某建筑中客厅设置的木龙骨吊顶

3. 计价

套《河南省房屋建筑与装饰工程预算定额》（HA-01-31-2016）中子目14-123，见表7-16。

表7-16 木材构件刷防火涂料 （单位：100m²）

定额编号		14-123	14-124	14-125
项目		双向	单向	木基层面
		木龙骨		防火涂料二遍
		防火涂料二遍		
基价（元）		2650.86	1314.42	1839.20
其中	人工费（元）	1322.16	653.55	600.09
	材料费（元）	734.58	367.29	969.19
	机械使用费（元）	—	—	—
	其他措施费（元）	18.88	9.57	8.53
	安文费（元）	41.03	20.80	18.54
	管理费（元）	77.96	39.52	35.22
	利润（元）	63.80	32.34	28.82
	规费（元）	50.87	25.79	22.98

计价：26.4/100 × 2650.86 = 699.83（元）

7.5 裱糊

裱糊工程，是指将壁纸或墙布粘贴在室内的墙面、柱面、天棚面的装饰工程。它具有装饰性好，图案花纹丰富多彩，材料质感自然，功能多样的优点。除了装饰功能外，有的还具有吸声、隔热、防潮、防霉、防水、防火等功能。

7.5.1 墙纸裱糊

1. 概念

墙纸裱糊指将壁纸用胶粘剂裱糊在建筑结构基层的表面上。由于壁纸的图案、花纹丰富，色彩鲜艳，故更显得室内装饰豪华、美观、艺术、雅致。同时，对墙壁起到一定的保护作用。

墙纸裱糊中常用的材料有普通壁纸、塑料壁纸。裱糊壁纸可以减少现场湿作业，基层处理也比刷油漆、涂料简便。多数壁纸表面可耐水擦洗；有的有一定的透气性，可使墙体基层中的水分向外散，不致引起开胶、起鼓、变色等现象；有的有一定的延伸性；有的品种遇火自熄或完全不燃烧。

2. 墙纸裱糊使用要求

墙面、天棚面裱糊按设计图示尺寸裱糊面积计算。

3. 墙纸裱糊计算规则

（1）清单工程量计算规则：以平方米计量，按设计图示尺寸以面积计算。

（2）定额工程量计算规则：以平方米计量，按设计图示尺寸裱糊面积计算。

4. 实训练习

【例7-16】某建筑首层分别如图7-28、图7-29所示，根据设计需要对图中两个房间进行墙纸裱糊，墙高为3m，墙厚为0.24m。求其墙纸裱糊工程量并计价。

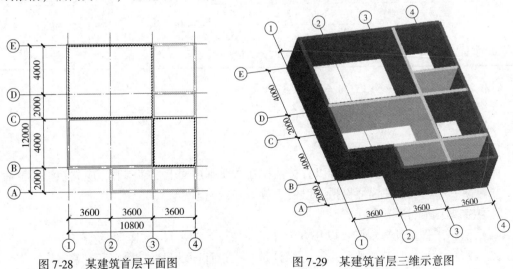

图 7-28 某建筑首层平面图　　　　图 7-29 某建筑首层三维示意图

【解】 1. 清单工程量

清单工程量计算规则：以平方米计量，按设计图示尺寸以面积计算。

墙纸裱糊工程量 $= (4.0 + 2.0 - 0.24) \times (3.6 + 3.6 - 0.24) \times 3 + (4.0 - 0.24) \times$
$$(3.6 - 0.24) \times 3$$
$$= 158.17 \, (\text{m}^2)$$

2. 定额工程量

定额工程量计算规则：以平方米计量，按设计图示尺寸裱糊面积计算。

墙纸裱糊工程量 $= (4.0 + 2.0 - 0.24) \times (3.6 + 3.6 - 0.24) \times 3 + (4.0 - 0.24) \times$
$$(3.6 - 0.24) \times 3$$
$$= 158.17 \, (\text{m}^2)$$

【小贴士】式中：$(4.0 + 2.0 - 0.24) \times (3.6 + 3.6 - 0.24) \times 3$ 是左上角大房间的墙纸裱糊面积；$(4.0 - 0.24) \times (3.6 - 0.24) \times 3$ 是右下角小房间的墙纸裱糊面积。

3. 计价

套《河南省房屋建筑与装饰工程预算定额》（HA-01-31-2016）中子目 14-257，见表 7-17。

表 7-17　墙纸裱糊 （单位：100m²）

定额编号		14-257	14-258	14-259
项目		墙面		
		普通壁纸		金属壁纸
		对花	不对花	
基价（元）		5133.41	4502.46	4814.43
其中	人工费（元）	1196.87	850.81	1950.73
	材料费（元）	3398.77	3269.02	1987.14
	机械使用费（元）	—	—	—
	其他措施费（元）	40.20	28.60	65.52
	安文费（元）	87.37	62.16	142.41
	管理费（元）	166.01	118.12	270.60
	利润（元）	135.86	96.67	221.45
	规费（元）	108.33	77.08	176.58

计价：$158.17/100 \times 5133.41 = 8119.51$（元）

7.5.2　织锦缎裱糊

1. 项目说明

锦缎柔软光滑，极易变形，难以直接裱糊在木质基层面上。裱糊时，应先在锦缎背后上浆，并裱糊一层宣纸，使锦缎挺括，以便于裁剪和裱贴上墙。

2. 织锦缎裱糊计算规则

（1）清单工程量计算规则：以平方米计量，按设计图示尺寸以面积计算。

（2）定额工程量计算规则：以平方米计量，按设计图示尺寸裱糊面积计算。

3. 实训练习

【例7-17】某建筑首层分别如图7-30、图7-31所示，根据设计需要对图中灰色区域（客厅）进行织锦缎裱糊。求其织锦缎裱糊工程量并计价。

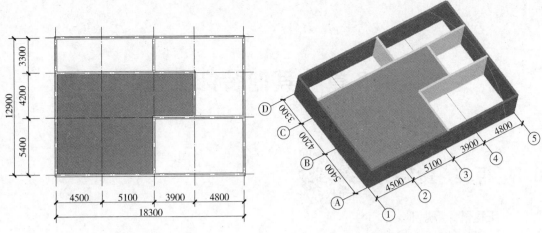

图 7-30 某建筑首层平面图　　　　图 7-31 某建筑首层三维示意图

【解】1. 清单工程量

清单工程量计算规则：以平方米计量，按设计图示尺寸以面积计算。

织锦缎裱糊工程量 = $(4.2 + 5.4 - 0.24) \times (4.5 + 5.1 - 0.24) + 3.9 \times (4.2 - 0.24)$

　　　　　　　　 = 103.50 （m^2）

2. 定额工程量

定额工程量计算规则：以平方米计量，按设计图示尺寸裱糊面积计算。

织锦缎裱糊工程量 = $(4.2 + 5.4 - 0.24) \times (4.5 + 5.1 - 0.24) + 3.9 \times (4.2 - 0.24)$

　　　　　　　　 = 103.50 （m^2）

【小贴士】式中：$(4.2 + 5.4 - 0.24) \times (4.5 + 5.1 - 0.24) + 3.9 \times (4.2 - 0.24)$ 是客厅的天棚锦缎裱糊面积。

3. 计价

套《河南省房屋建筑与装饰工程预算定额》（HA-01-31-2016）中子目 14-264，见表 7-18。

表 7-18　织锦缎裱糊　　　　　　　　　　　　　（单位：100m^2）

定额编号		14-263	14-264
项目		墙面	天棚面
		贴织锦缎	
基价（元）		9016.62	10909.21
其中	人工费（元）	2177.98	3483.42
	材料费（元）	5859.82	5859.82
	机械使用费（元）	—	—
	其他措施费（元）	73.16	117.05
	安文费（元）	159.02	254.41
	管理费（元）	302.17	483.42
	利润（元）	247.29	395.63
	规费（元）	197.18	315.46

计价：$103.50/100 \times 10909.21 = 11241.94$ （元）

第8章 其他装饰工程

8.1 柜类、货架

1. 工程量计算规则

（1）清单工程量计算规则。

1）柜类：按设计图示尺寸以正投影面积计算。

2）货架：按设计图示尺寸以延长米计算。

（2）定额计算规则：柜类、货架工程量按各项目计量单位计算，其中以"m^2"为计量单位的项目，其工程量均按正立面的高度（包括脚的高度在内）乘以宽度计算。

2. 实训练习

【例8-1】某房屋装修，安装附墙衣柜，衣柜示意图如图8-1所示。试求其工程量并计价。

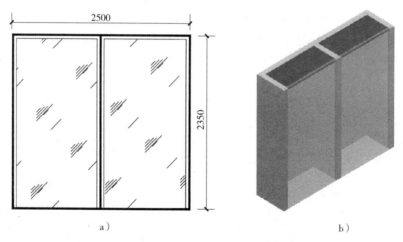

图8-1 衣柜示意图

a）衣柜平面示意图 b）衣柜三维示意图

【解】1. 清单工程量

清单工程量计算规则：柜类按设计图示尺寸以正投影面积计算。

衣柜清单工程量：$S = 2.35 \times 2.5 = 5.875$（$m^2$）

【小贴士】式中：2.35为柜子的高；2.5为柜子的宽度。

2. 定额工程量

定额计算规则：柜类、货架工程量按各项目计量单位计算；其中以"m^2"为计量单位的项目，工程量均按正立面的高度（包括脚的高度在内）乘以宽度计算。

衣柜定额工程量为 $L = 2.5$（m）

3. 计价

套《河南省房屋建筑与装饰工程预算定额》（HA-01-31-2016）子目 15-13 见表 8-1。

表 8-1　柜类、货架　　　　　　　　　　　（单位：m）

定额编号		15-12	15-13	15-14
项目		附墙书柜	附墙衣柜	附墙酒柜
基价（元）		894.29	727.19	716.05
其中	人工费（元）	230.69	219.77	212.12
	材料费（元）	556.89	405.75	406.04
	机械使用费（元）	10.84	10.30	9.75
	其他措施费（元）	7.75	7.38	7.12
	安文费（元）	16.84	16.05	15.48
	管理费（元）	32.00	30.50	39.42
	利润（元）	18.40	17.54	16.92
	规费（元）	20.88	19.90	19.20

计价：$727.19 \times 2.5 = 1817.98$（元）

8.2　装饰线条

1. 装饰线条的分类

压条和装饰线条是用于各种交接面、分界面、层次面的封边封口等的压顶线和装饰条，起封口、封边、压边、造型和连接的作用。

（1）按材质分，主要有木线条、铝合金线条、铜线条、不锈钢线条和塑料线条、石膏线条等。

（2）按用途分，有大花角线、天花线、压边线、挂镜线、封边角线、造型线、槽线等。

（3）按形状分，有板条、平线、角线、角花、槽线、欧式装饰线等。

1）板条：指板的正面与背面均为平面而无造型者。

2）平线：指其背面为平面、正面为各种造型的线条。

3）角线：指线条背面为三角形，正面有造型的阴、阳角装饰线条。

4）角花：指呈直角三角形的工艺造型装饰件。

5）槽线：指用于嵌缝的 U 形线条。

6）欧式装饰线：指具有欧式风格的各种装饰线。

2. 装饰线条安装方法及质量控制

（1）装饰线条安装方法：各种装饰线条的安装应进行安装基层检查与处理，基层面凹凸不平处应修整或补平、校平校直。横向线条安装前，在基层上拉通线找平找直后弹出墨线。竖向线条安装前，应用线坠进行垂直校正。各种装饰线条安装连接的接头端面要锯切平直、光滑或打磨平整，接头拼接缝隙应紧密、高低一致，有花纹或图案的应注意花纹或图案的吻合对接。线条贯通安装的延长连接短节应合理错开。以木板、石膏板的锯切条板平压叠级做装饰线安装时，接头处应错缝安装。线条的外露端头不得呈现锯切毛坯面。同一墙面或柱面的清水漆实木线条，应在进行木纹肌理和色调挑选比对后使用。线条90°转角处的拼接安装：非金属线条转角处宜将线条端头开成45°的端面后相拼接安装；不锈钢等有色金属装饰线条转角处应包裹安装，或开成45°的端面后焊接安装，严禁将线条端头开成45°的端面后直接相拼成角安装，应严格控制金属线条90°转角处形成利刃带来的安全隐患。

（2）装饰线条质量控制。

1）装饰线条安装施工时应核对所使用的成品装饰线条的尺寸或规格型号、漆色，以及线条表面的纹饰或图案等，不符合设计要求的应予以退换。逐一进行质量检查，挑出不合格品。轻微的不合格品，可截掉瑕疵部位后作为短料使用。工程施工现场制作的线条必须符合设计要求。

2）进入工地的实木木坯线条应涂刷透明底漆进行防污保护。金属、木质、石膏等成品线条的包装保护膜不得提前撕毁。装饰线条使用前应按要求堆码存放，并进行整体覆盖保护，不得污损。

3. 工程量计算规则

（1）清单工程量计算规则：按设计图示尺寸以长度计算。

（2）定额工程量计算规则。

1）压条、装饰线条按线条中心线长度计算。

2）石膏角花、灯盘按设计图示数量计算。

4. 实训练习

【例8-2】某房屋装修安装电视背景墙，墙面边框采用装饰线条，如图8-2所示。试计算其清单工程量。

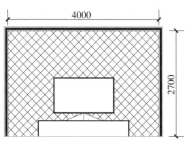

图8-2　某房屋电视背景墙示意图

【解】清单工程量计算如下。

清单工程量计算规则：按设计图示尺寸以长度计算。

装饰线条工程量为：$L = 4 + 2.7 \times 2 = 9.4 \, (\mathrm{m}^2)$

【小贴士】式中：4为装饰线条上边的长度，2.7×2为两侧边的长度。

8.3　扶手、栏杆、栏板装饰

1. 清单项目

《房屋建筑与装饰工程工程量计算规范》（GB 50854）附录Q.3中扶手、栏杆、栏板装饰共有8个清单项目。各清单项目设置的具体内容见表8-2。

表 8-2　扶手、栏杆、栏板装饰清单项目设置

项目编码	项目名称	项目特征	计量单位	工作内容
011503001	金属扶手、栏杆、栏板	（1）扶手材料种类规格 （2）栏杆材料种类，规格 （3）栏板材料种类，规格、颜色 （4）固定配件种类 （5）防护材料种类	m	（1）制作 （2）运输 （3）安装 （4）刷防护材料
011503002	硬木扶手、栏杆、栏板			
011503003	塑料扶手、栏杆、栏板			
011503004	GRC 扶手、栏杆	（1）栏杆的规格 （2）安装间距 （3）扶手类型规格 （4）填充材料种类		
011503005	金属靠墙扶手	（1）扶手材料种类、规格 （2）固定配件种类 （3）防护材料种类		
011503006	硬木靠墙扶手			
011503007	塑料靠墙扶手			
011503008	玻璃栏板	（1）栏杆玻璃的种类，规格、颜色 （2）固定方式 （3）固定配件种类		

2. 清单编制说明

（1）木栏杆和木扶手是楼梯的主要部件，常用的木材品种有水曲柳、红松、红榉、白榉、泰柚木等。

（2）塑料扶手（聚氯乙烯扶手）是化工塑料产品，其断面形式、规格尺寸及色彩应按设计要求选用。

（3）靠墙扶手一般采用硬木、塑料和金属材料制作，其中硬木和金属靠墙扶手应用较为普通。

（4）楼梯扶手安装常用材料数量见表 8-3。

表 8-3　楼梯扶手安装常用材料数量

材料名称	单位	每 1m 需用数量		
		不锈钢扶手	黄铜扶手	铝合金扶手
角钢 50mm×50mm×3mm	kg	4.80	4.80	—
方钢 20mm×20mm	kg	—	—	1.60
钢板 2mm	kg	0.50	0.50	0.50
玻璃胶	支	1.80	1.80	1.80
不锈钢焊条	kg	0.05	—	—
铜焊条	kg	—	0.05	—
电焊条	kg	—	—	0.05
铝拉铆钉 φ5	只	—	—	10
膨胀螺栓 M8	只	4	4	4
钢钉 32mm	只	2	2	2
自攻螺钉 M5	只	—	—	5

（续）

材料名称	单位	每1m需用数量		
		不锈钢扶手	黄铜扶手	铝合金扶手
不锈钢法兰盘座	只	0.50	—	—
抛光蜡	盒	0.10	0.10	0.10

3. 工程量计算规则

（1）清单工程量计算规则：按设计图示以扶手中心线长度（包括弯头长度）计算。

（2）定额计算规则。

1）扶手、栏杆、栏板、成品栏杆（带扶手）均按其中心线长度计算，不扣除弯头长度。如遇木扶手、大理石扶手为整体弯头时，扶手消耗量需扣除整体弯头的长度，设计不明确者，每只整体弯头按400mm扣除。

2）单独弯头按设计图示数量计算。

4. 实训练习

【例8-3】某金属扶手楼梯平面图如图8-3所示，楼梯是不锈钢半玻扶手。计算金属扶手工程量（扶手宽为10mm，踏步高为150mm）。

【解】清单工程量计算如下。

清单工程量计算规则：按设计图示以扶手中心线长度（包括弯头长度）计算。

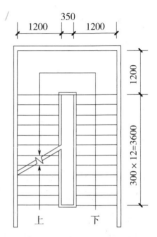

图8-3 某金属扶手楼梯平面图

$$金属扶手的工程量 = \left[\sqrt{3.6^2 + (0.15 \times 12 + 1)^2} + 0.01 + 0.35 + 0.01 \right] \times 2$$
$$= (4.09 + 0.01 + 0.35 + 0.01) \times 2$$
$$= 9.86 \ (m^2)$$

【小贴士】式中：$\sqrt{3.6^2 + (0.15 \times 12 + 1)^2}$ 为扶手斜边的长度；0.01为扶手宽度；0.35为扶手转弯处的长度。

8.4 暖气罩

1. 暖气罩的项目释义

（1）饰面板暖气罩。暖气罩是室内的重要组成部分，可起防护暖气片过热烫伤人员，使冷热空气对流均匀和散热合理的作用，并可美化、装饰室内环境。

暖气罩的布置通常有窗下式、沿墙式、嵌入式、独立式等形式。饰面板暖气罩主要是指木制、胶合板暖气罩。饰面板暖气罩采用硬木条、胶合板等做成格片状，也可以采用上下留空的形式。木制暖气罩舒适感较好，其构造如图8-4所示。

（2）塑料板暖气罩。塑料板暖气罩的作用、布置方式同饰面板暖气罩，只是材质为PVC材料。

（3）金属暖气罩。金属暖气罩采用钢或铝合金等金属板冲压打孔，或采用格片等方式制成暖气罩。它具有性能良好、坚固耐久等特点。

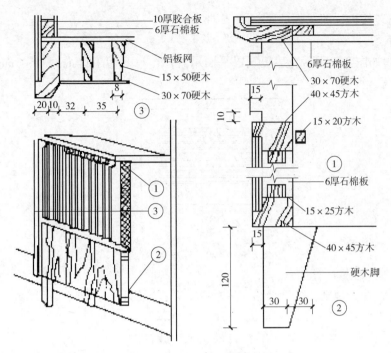

图 8-4　木制暖气罩的构造

2. 暖气罩的形式

一般而言，暖气罩有挂板式、明式、平墙式三种。

（1）挂板式暖气罩：指暖气罩的遮挡面板用连接件挂在预留的挂钩或支撑件上的形式。典型的挂板式暖气罩如图 8-5a 所示。

（2）明式暖气罩：指暖气罩凸出墙面，暖气片上面、左右面和正面均需由暖气罩遮挡的形式。典型的明式暖气罩如图 8-5b 所示。

（3）平墙式暖气罩：指暖气片置于专门设置的壁龛内，暖气罩挂在暖气片正面，其表面与墙面基本平齐的形式。典型的平墙式暖气罩如图 8-5c 所示。

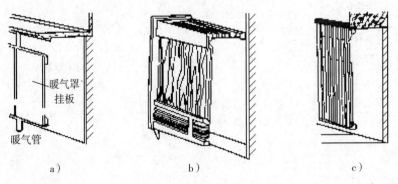

图 8-5　暖气罩形式示意图

a）挂板式　b）明式　c）平墙式

3. 工程量计算规则

（1）清单工程量计算规则：按设计图示尺寸以垂直投影面积（不展开）计算。

（2）定额计算规则：暖气罩（包括脚的高度在内）按边框外围尺寸垂直投影面积计算，

成品暖气罩安装按设计图示数量计算。

4. 实训练习

【例8-4】如图8-6所示为某暖气罩平面示意图，尺寸为1000mm×1500mm。试根据计算规则求其工程量。

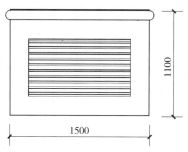

图8-6　某暖气罩平面示意图

【解】清单工程量计算如下。

清单工程量计算规则：按设计图示尺寸以垂直投影面积（不展开）计算。

暖气罩的工程量：$S = 1.5 \times 1.1 = 1.65$（$m^2$）

【小贴士】式中：1.5为暖气罩宽，1.1为暖气罩高度。

8.5　浴厕配件

1. 清单项目设置

《房屋建筑与装饰工程工程量计算规范》（GB 50854）附录Q.5中浴厕配件共有11个清单项目。各清单项目设置的具体内容见表8-4。

表8-4　浴厕配件清单项目设置

项目编码	项目名称	项目特征	计算单位	工作内容
011505001	洗漱台	（1）材料品种，规格、颜色 （2）支架、配件品种、规格	（1）m² （2）个	（1）台面及支架运输，安装 （2）杆、环、盒、配件安装 （3）刷油漆
011505002	晒衣架			（1）台面及支架运输，安装 （2）杆、环、盒、配件安装 （3）刷油漆
011505003	帘子杆		个	
011505004	浴缸拉手			
011505005	卫生间扶手	（1）材料品种、规格、颜色 （2）支架、配件品种、规格		
011505006	毛巾杆（架）		套	（1）台面及支架制作、运输、安装 （2）杆、环、盒、配件安装 （3）刷油漆
011505007	毛巾环		副	
011505008	卫生纸盒		个	
011505009	肥皂盒			
011505010	镜面玻璃	（1）镜面玻璃品种、规格 （2）框材质、断面尺寸 （3）基层材料种类 （4）防护材料种类	m²	（1）基层安装 （2）玻璃及框制作，运输，安装

（续）

项目编码	项目名称	项目特征	计算单位	工作内容
011505011	镜箱	（1）箱体材质、规格 （2）玻璃品种、规格 （3）基层材料种类 （4）防护材料种类 （5）油漆品种、刷漆遍数	个	（1）基层安装 （2）箱体制作、运输、安装 （3）玻璃安装 （4）刷防护材料、油漆

2. 清单编制说明

（1）洗漱台在卫生间中用于支承台式洗脸盆，搁放洗漱、卫生用品，同时起装饰卫生间的作用。洗漱台一般用纹理颜色具有较强装饰性的云石和花岗石光面板材经磨边、开孔制作而成。台面一般厚为 20cm，宽约为 570mm，长度视卫生间大小和台上洗脸盆数量而定。一般单个面盆台面长有 1m、1.2m、1.5m；双面盆台面长则在 1.5m 以上。

（2）镜面玻璃选用的材料规格、品种、颜色或图案等均应符合设计要求，不得随意改动。在同一墙面安装相同玻璃镜时，应选用同一批产品，以防止因镜面色泽不一而影响装饰效果。对于重要部位的镜面安装，要求做防潮层及木筋和木砖采取防腐措施时，必须按照设计要求处理。

（3）晒衣架指的是晾晒衣物时使用的架子，形状一般为 V 形或一字形，还有收缩活动型。

（4）帘子杆为市场采购成品，仅需在墙上埋入胀管，用木螺钉固定即可。

（5）浴缸拉手为市场采购成品，仅需在墙上埋入胀管，用木螺钉固定即可。

（6）毛巾杆（架）为市场采购成品，仅需在墙上埋入胀管，用木螺钉固定即可。

（7）毛巾环为一种浴室配件。

（8）卫生纸盒为市场采购成品，仅需在墙上埋入胀管，用木螺钉固定即可。

（9）肥皂盒为市场采购成品，仅需在墙上埋入胀管，用木螺钉固定即可。

（10）镜箱是指用于盛装浴室用具的箱子。

3. 工程量计算规则

（1）清单工程量计算规则。

1）洗漱台：按设计图示尺寸以台面外接矩形面积计算。不扣除孔洞、挖弯、削角所占面积，挡板、吊沿板面积并入台面面积内。

2）洗厕配件：按设计图示数量计算。

3）镜面玻璃：按设计图示尺寸以边框外围面积计算。

4）镜箱：按设计图示数量计算。

（2）定额计算规则。

1）大理石洗漱台按设计图示尺寸以展开面积计算，挡板、吊沿板面积并入其中，不扣除孔洞、挖弯、削角所占面积。

2）大理石台面面盆开孔按设计图示数量计算。

3）盥洗室台镜（带框）、盥洗室木镜箱按边框外围面积计算。

4）盥洗室塑料镜箱、毛巾杆、毛巾环、浴帘杆、浴缸拉手、肥皂盒、卫生纸盒、晒衣架、晾衣绳等按设计图示数量计算。

4. 实训练习

【例 8-5】 如图 8-7 所示，为洗漱台平面示意图。试计算其工程量。

【解】 清单工程量计算如下。

清单工程量计算规则：按设计图示尺寸以台面外接矩形面积计算。不扣除孔洞、挖弯、削角所占面积，挡板、吊沿板面积并入台面面积内。

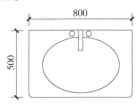

图 8-7　洗漱台平面示意图

洗漱台工程量：$S = 0.8 \times 0.5 = 0.4$（m^2）

【小贴士】 式中：0.8 为洗漱台长；0.5 为洗漱台宽。

8.6　雨篷、旗杆、装饰柱

1. 清单工程量计算规则

雨篷、旗杆、装饰柱工程量清单项目设置、项目特征描述的内容、计量单位、工程量计算规则应按表 8-5 的规定执行。

表 8-5　雨篷、旗杆、装饰柱计算规则

项目编码	项目名称	项目特征	计量单位	工程量计算规则
011506001	雨篷吊挂饰面	（1）基层类型 （2）龙骨材料种类、规格、中距 （3）面层材料品种、规格、品牌 （4）吊顶（天棚）材料品种、规格、品牌 （5）嵌缝材料种类 （6）防护材料种类	m^2	按设计图示尺寸以水平投影面积计算
011506002	金属旗杆	（1）旗杆材料、种类、规格 （2）旗杆高度 （3）基础材料种类 （4）基座材料种类 （5）基座面层材料、种类、规格	根	按设计图示数量计算
011506003	玻璃雨篷	（1）玻璃雨篷固定方式 （2）龙骨材料种类、规格、中距 （3）玻璃材料品种、规格、品牌 （4）嵌缝材料种类 （5）防护材料种类	m^2	按设计图示尺寸以水平投影面积计算
011506004	成品装饰柱	（1）柱截面、高度尺寸 （2）柱材质	根	按设计数量计算

2. 雨篷、旗杆定额说明

（1）点支式、托架式雨篷的型钢、爪件的规格、数量是按常用做法考虑的，当设计要求与定额不同时，材料消耗量可调整，人工、机械不变。托架式雨篷的斜拉杆费用另计。

（2）铝塑板、不锈钢面层雨篷项目按平面雨篷考虑，不包括雨篷侧面。

（3）旗杆项目按常用做法考虑，未包括旗杆基础、旗杆台座及其饰面。

3. 定额工程量计算规则

（1）雨篷按设计图示尺寸水平投影面积计算。

（2）不锈钢旗杆按图示数量计算。

（3）电动升降系统和风动系统按套数计算。

4. 实训练习

【例 8-6】 如图 8-8 所示，某商店店门前的雨篷吊挂饰面采用金属压型板，高为 400mm，长为 3000mm，宽为 600mm。试计算其工程量。

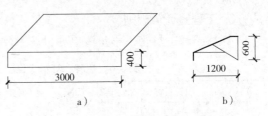

图 8-8　某商店店门前的雨篷示意图
a）平面图　b）侧立面图

【解】清单工程量计算如下。

清单工程量计算规则：雨篷按设计图示尺寸水平投影面积计算。

雨篷工程量：$S = 3 \times 1.2 = 3.6$ （m^2）

【小贴士】式中：3 为雨篷的宽度，1.2 为雨篷伸出长度。

8.7　招牌、灯箱

1. 项目名称释义

（1）平面、箱式招牌。平面、箱式招牌是一种广告招牌形式，主要强调平面感，描绘精致，多用于墙面。

（2）竖式标箱。竖式标箱是指六面体悬挑在墙体外的一种招牌基层形式，计算工程量时均按外围体积计算。

（3）灯箱。灯箱主要用作户外广告，分布于道路、街道两旁，以及影院、车站、商业区、机场、公园等公共场所。灯箱与墙体的连接方法较多，常用的方法有悬吊、悬挑和附贴等。常见灯箱的构造示意图，如图 8-9 所示。

（4）信报箱。信报箱作为新建小区及写字楼的配套产品之一，不仅是用户接收信件和各类账单的重要载体，随着产品的不断升级换代，表面处理方式的推陈出新，在满足功能的同时，人们越来越倾向于把它作为建筑的一种装饰来设计。

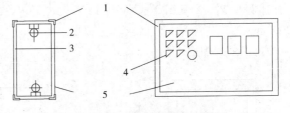

图 8-9　常见灯箱的构造示意图
1—金属边框　2—日光灯管　3—框架（木质或型钢）
4—图案或字体　5—有机玻璃面板

信报箱经历了从木质信报箱、铁皮信报箱到不锈钢信报箱，再到智能信报箱的发展过程，目前已形成涵盖智能信报箱、普通信报箱、别墅信报箱三大类多个系列的产品。

2. 项目特征描述

（1）平面箱式招牌、竖式标箱、灯箱项目特征描述提示。

1）应注明箱体规格。

2）应注明基层材料、面层材料和防护材料的种类。

（2）信报箱项目特征描述提示。

1）应注明箱体规格。

2）应说明基层材料、面层材料、保护材料的种类。

3）应注明户数。

3. 工程量计算规则

（1）招牌、灯箱工程量清单项目设置及工程量计算规则见表 8-6。

表 8-6　招牌、灯箱工程量清单项目设置及工程量计算规则

项目编码	项目名称	项目特征	计量单位	工程量计算规则	工作内容
011507001	平面、箱式招牌	（1）箱体规格 （2）基层材料种类 （3）面层材料种类 （4）防护材料种类	m²	按设计图示尺寸以正立面边框外围面积计算。复杂的凸凹造型部分不增加面积	（1）基层安装 （2）箱体及支架制作、运输、安装 （3）面层制作、安装 （4）刷防护材料、油漆
011507002	竖式标箱				
011507003	灯箱		个	按设计图示数量计算	
011507004	信报箱	（1）箱体规格 （2）基层材料种类 （3）面层材料种类 （4）保护材料种类 （5）户数	个		（1）基层安装 （2）箱体及支架制作、运输、安装 （3）面层制作、安装 （4）刷防护材料、油漆

（2）定额工程量计算规则。

1）柱面、墙面灯箱基层，按设计图示尺寸以展开面积计算。

2）一般平面广告牌基层，按设计图示尺寸以正立面边框外围面积计算。复杂平面广告牌基层，按设计图示尺寸以展开面积计算。

3）箱（竖）式广告牌基层，按设计图示尺寸以基层外围体积计算。

4）广告牌面层，按设计图示尺寸以展开面积计算。

4. 实训练习

【例 8-7】某市街道安装灯箱广告栏位，如图 8-10 所示，灯箱宽为 1500mm，高为 2000mm，厚为 800mm。试求其工程量。

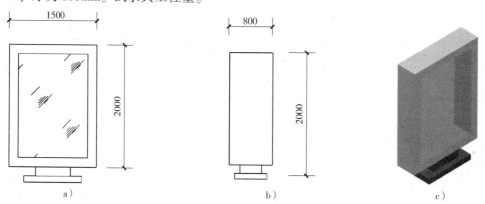

图 8-10　灯箱示意图

a）灯箱平面示意图　b）灯箱侧视图　c）灯箱三维示意图

【解】清单工程量计算如下。

清单工程量计算规则：按设计图示数量计算。

灯箱工程量：1个。

【小贴士】式中：因计算规则为按数量计算所以，灯箱工程量为1个。

8.8　美术字

1. 清单项目设置

《房屋建筑与装饰工程工程量计算规范》（GB 50854）附录 Q.8 中美术字共有 5 个清单项目。各清单项目设置的具体内容见表 8-7。

表 8-7　美术字清单项目设置

项目编码	项目名称	项目特征	计算单位	工作内容
011508001	泡沫塑料字	（1）基层类型 （2）镂字材料品种、颜色 （3）字体规格 （4）固定方式 （5）油漆品种、刷漆遍数	个	（1）字制作、运输、安装 （2）刷油漆
011508002	有机玻璃字			
011508003	木质字			
011508004	金属字			
011508005	吸塑字			

2. 清单编制说明

（1）美术字是指制作广告牌时所用的一种装饰字。

（2）木质字牌一般以红木、檀木、柞木等优质木材雕刻而成。

（3）现有的金属字主要包括以下四种：铜字、合金铜字、不锈钢字、铁皮字。

（4）吸塑字是一种塑料加工工艺，主要原理是将平展的塑料硬片材料加热变软后，利用真空吸附于模具表面，冷却后成型，广泛用于塑料包装、灯饰广告、装饰等行业。

3. 工程量计算规则

按设计图示数量计算。

4. 实训练习

【例 8-8】某商铺安装招牌，字体为泡沫塑料美术字，如图 8-11 所示。试求其工程量。

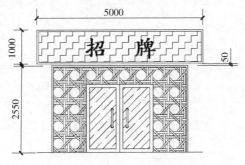

图 8-11　某商铺平面示意图

【解】清单工程量。

工程量计算规则：按设计图示数量计算。

美术字工程量为：2个。

【小贴士】式中：因工程量按设计图数量计算所以美术字工程量为2个。

第9章　房屋修缮工程

9.1　抹灰层及保温层拆除

1. 清单工程量计算规则
抹灰层及保温层拆除计算规则：按拆除部位的面积计算。

2. 实训练习
【例9-1】某建筑天棚抹灰需进行拆除，墙厚为200mm，建筑平面图如图9-1所示。试根据图纸计算抹灰层拆除工程量并计价。

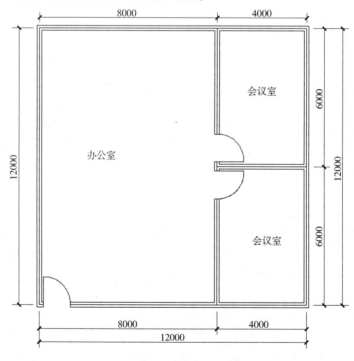

图9-1　某建筑平面图

【解】1. 清单工程量

清单工程量计算规则：按拆除部位的面积计算。

抹灰层拆除工程量 $= (4-0.2) \times (6-0.2) \times 2 + (8-0.2) \times (12-0.2)$

$\qquad\qquad\qquad\quad = 136.12 \; (\mathrm{m}^2)$

【小贴士】式中：（4-0.2）为会议室的长；（6-0.2）为会议室的宽；2为会议室的数量；（8-0.2）为办公室的长；（12-0.2）为办公室的宽。

2. 定额工程量

定额工程量同清单工程量。

3. 计价

套《河南省房屋建筑与装饰工程预算定额》（HA-01-31-2016）中子目16-45，见表9-1。

表 9-1　抹灰层铲除　　　　　　　　　　（单位：10m²）

定额编号	16-45	16-46
项目	天棚面	
	石灰砂浆面	水泥及混合砂浆面
基价（元）	197.72	276.45
其中 人工费（元）	128.01	178.97
材料费（元）	—	—
机械使用费（元）	—	—
其他措施费（元）	6.92	9.67
安文费（元）	15.03	21.02
管理费（元）	17.43	24.37
利润（元）	11.69	16.35
规费（元）	18.64	26.07

计价：$136.12/10 \times 197.72 = 2691.36$（元）

【例9-2】 某建筑天棚保温层需进行拆除，建筑平面图如图9-2所示，墙厚为240mm。试根据图纸计算保温层拆除工程量。

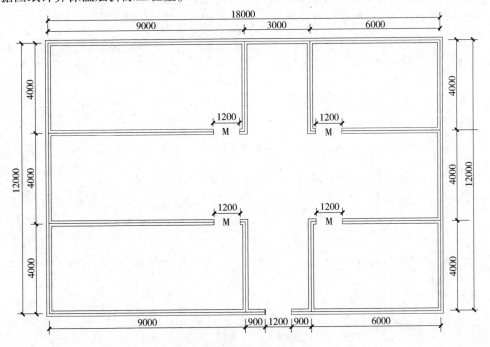

图 9-2　建筑平面图（十九）

【解】清单工程量计算如下。

清单工程量计算规则：按拆除部位的面积计算。

抹灰层拆除工程量 = $(18 - 0.24) \times (12 - 0.24) - [9 + (4 - 0.24)] \times 0.24 \times 2 - [6 + (4 - 0.24)] \times 0.24 \times 2$

$$= 198.05 \ (\text{m}^2)$$

【小贴士】式中：$(18 - 0.24)$ 为保温层的长；$(12 - 0.24)$ 为保温层的宽；9 为左边两个房间墙的长度；$(4 - 0.24)$ 为建筑内房间的宽度；0.24 为墙厚；2 为房间数量；6 为右边两个房间墙的长度。

9.2 龙骨及饰面拆除

1. 龙骨及饰面拆除的原则

在拆除中应遵循由上至下的原则，先拆除饰面板再拆除主次龙骨，拆下的材料应安全传送下来，禁止拉拽，禁止野蛮施工。拆除设施要轻拿轻放，妥善保存，拆除时应注意保护吊顶内的设备，不能乱敲乱砸，以免损坏设备，拆除后的材料不能随意丢弃。如果遇到顶部设备不稳定或者拆除设备需固定在龙骨上时，将设备固定好后再进行拆除。

2. 清单工程量计算规则

龙骨及饰面拆除计算规则：按拆除面积计算。

3. 实训练习

【例9-3】某建筑卧室和书房地板龙骨需进行拆除，建筑如图9-3所示，三维图如图9-4所示，墙厚为200mm。试根据图纸计算地板龙骨拆除工程量并计价。

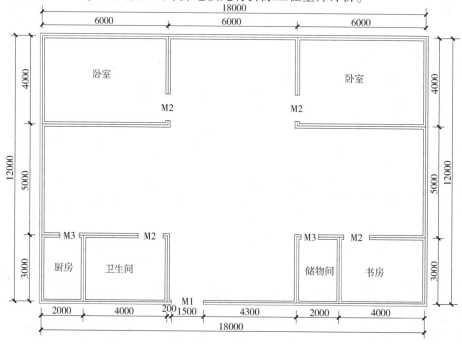

图9-3 某建筑平面图

【解】1. 清单工程量

清单工程量计算规则：按拆除面积计算。

地板拆除工程量 = $(6 - 0.2) \times (4 - 0.2) \times 2 + (4 - 0.2) \times (3 - 0.2) = 54.72$（$m^2$）

【小贴士】式中：$(6 - 0.2)$ 为卧室的长度；$(4 - 0.2)$ 为卧室的宽度；2 为卧室数量；$(4 - 0.2)$ 为书房的长度；$(3 - 0.2)$ 为书房的宽度。

2. 定额工程量

定额工程量同清单工程量。

图9-4 某建筑三维示意图

3. 计价

套《河南省房屋建筑与装饰工程预算定额》（HA-01-31-2016）中子目16-52，见表9-2。

表9-2 龙骨及饰面拆除 （单位：10m²）

定额编号	16-52	16-53	16-54
项目	楼地面		
	带龙骨木地板	不带龙骨木地板	塑胶地面
基价（元）	72.57	49.44	65.35
其中 人工费（元）	46.88	32.15	42.28
材料费（元）	—	—	—
机械使用费（元）	—	—	—
其他措施费（元）	2.55	1.72	2.29
安文费（元）	5.54	3.73	4.97
管理费（元）	6.42	4.32	5.77
利润（元）	4.31	2.90	3.87
规费（元）	6.87	4.62	6.17

计价：$54.72/10 \times 72.57 = 397.10$（元）

【例9-4】某仓库天棚金属龙骨（金属面）需要进行拆除，平面图示意图如图9-5所示，三维示意图如图9-6所示，墙厚为240mm。试根据图纸计算天棚拆除工程量并计价。

【解】1. 清单工程量

清单工程量计算规则：按拆除面积计算。

天棚拆除工程量 = $(12 - 0.24) \times (6 - 0.24) \times 3 = 203.21$（$m^2$）

【小贴士】式中：$(12 - 0.24)$ 为单个仓库的长度；$(6 - 0.24)$ 为单个仓库的宽度；3 为仓库数量。

2. 定额工程量

定额工程量同清单工程量。

3. 计价

套《河南省房屋建筑与装饰工程预算定额》（HA-01-31-2016）中子目16-60，见表9-3。

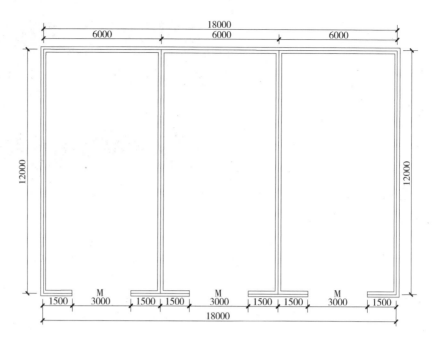

图 9-5　某仓库平面图

图 9-6　某仓库三维示意图

表 9-3　龙骨及饰面拆除 （单位：10m²）

定额编号		16-58	16-59	16-60	16-61
项目		天棚			
		木龙骨		金属龙骨	
		木质面	石膏面	金属面	石膏面
基价（元）		58.08	69.80	84.86	77.02
其中	人工费（元）	37.63	45.17	54.99	49.77
	材料费（元）	—	—	—	—
	机械使用费（元）	—	—	—	—
	其他措施费（元）	2.03	2.44	2.96	2.70
	安文费（元）	4.41	5.31	6.44	5.88
	管理费（元）	5.11	6.16	7.47	6.81
	利润（元）	3.43	4.13	5.01	4.57
	规费（元）	5.47	6.59	7.99	7.29

计价：203.21/10 × 84.86 = 1724.44（元）

9.3 铲除油漆涂料裱糊面

1. 清单工程量计算规则
铲除油漆涂料裱糊面计算规则：按铲除部位的面积计算。

2. 实训练习

【例9-5】某建筑庭院内墙抹灰面油漆涂料需进行铲除，墙厚为200mm，墙高为3000mm，如图9-7所示，大门长为3000mm，高为2100mm。试根据图纸计算铲除抹灰面油漆涂料工程量并计价。

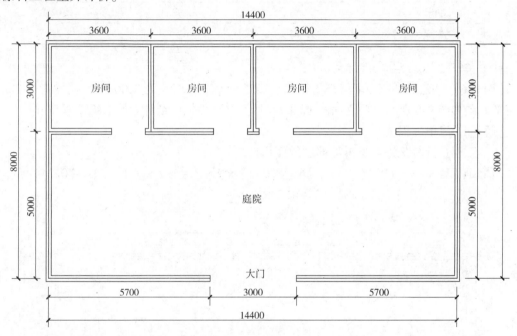

图9-7 某建筑庭院平面图

【解】1. 清单工程量

清单工程量计算规则：按拆除部位的面积计算。

$$铲除抹灰面油漆涂料工程量 = (5 - 0.2) \times 3 \times 2 + (14.4 - 0.2) \times 3 - 3 \times 2.1$$
$$= 65.1（m^2）$$

【小贴士】式中：(5 - 0.2) 为庭院侧面内墙的长度；3 为墙高；2 为庭院侧面内墙的数量；(14.4 - 0.2) 为庭院正面内墙的长度；3 × 2.1 为大门的面积。

2. 定额工程量

定额工程量同清单工程量。

3. 计价

套《河南省房屋建筑与装饰工程预算定额》（HA-01-31-2016）中子目16-68，见表9-4。

表 9-4　抹灰层 （单位：10m²）

定额编号		16-68	16-69	16-70
项目		抹灰面油漆涂料	木材面油漆	撕墙纸
基价（元）		54.00	65.92	34.55
其中	人工费（元）	35.13	42.85	22.50
	材料费（元）	—	—	—
	机械使用费（元）	—	—	—
	其他措施费（元）	1.87	2.29	1.20
	安文费（元）	4.07	4.97	2.60
	管理费（元）	4.72	5.77	3.01
	利润（元）	3.16	3.87	2.02
	规费（元）	5.05	6.17	3.22

计价：65.1/10 × 54 = 351.54（元）

【例 9-6】某建筑卧室内墙墙纸需撕掉重新进行粘贴，墙高为 3000mm，墙厚为 240mm，建筑平面图如图 9-8 所示，门立面图如图 9-9 所示。试根据图纸计算撕墙纸工程量并计价。

【解】1. 清单工程量

清单工程量计算规则：按拆除部位的面积计算。

撕墙纸工程量 = [(9 − 0.24) + (6 − 0.24)] × 2 × 3 − 1.2 × 2.1 + [(6 − 0.24) + (3 − 0.24)] × 2 × 3 − 1.2 × 2.1

= 133.2（m²）

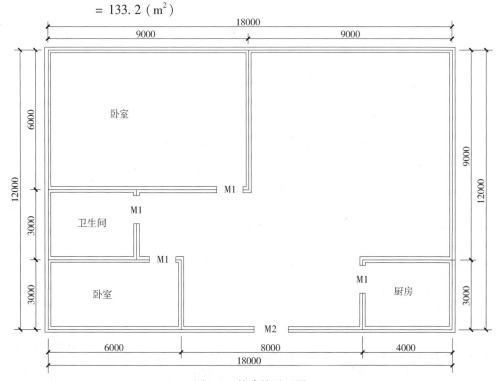

图 9-8　某建筑平面图

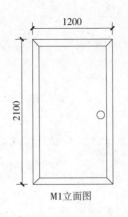

图 9-9　门立面图

【小贴士】式中：（9 - 0.24）为大卧室内墙的长度；（6 - 0.24）为大卧室内墙宽度；3 为墙高；（6 - 0.24）为小卧室内墙的长度；（3 - 0.24）为小卧室内墙宽度；1.2 × 2.1 为卧室门的面积。

2. 定额工程量

定额工程量同清单工程量。

3. 计价

套《河南省房屋建筑与装饰工程预算定额》（HA-01-31-2016）中子目 16-70，见表 9-5。

表 9-5　铲除油漆涂料裱糊面　　　　　　　　　　　　（单位：10m²）

定额编号		16-68	16-69	16-70
项目		抹灰面油漆涂料	木材面油漆	撕墙纸
基价（元）		54.00	65.92	34.55
其中	人工费（元）	35.13	42.85	22.50
	材料费（元）	—	—	—
	机械使用费（元）	—	—	—
	其他措施费（元）	1.87	2.29	1.20
	安文费（元）	4.07	4.97	2.60
	管理费（元）	4.72	5.77	3.01
	利润（元）	3.16	3.87	2.02
	规费（元）	5.05	6.17	3.22

计价：133.2/10 × 34.55 = 460.21（元）

9.4　栏杆栏板、轻质隔断隔墙拆除

1. 计算规则

（1）栏杆、栏板拆除：按拆除的延长米计算。

（2）轻质隔断、隔墙拆除：按拆除部位的面积计算。

2. 实训练习

【例 9-7】路边栏杆因老化需要拆除，栏杆立面图如图 9-10 所示。试根据图纸计算栏杆拆除工程量。

【解】清单工程量计算如下。

清单工程量计算规则：按拆除的延长米计算。

栏杆拆除工程量 = 3.05 + 1 × 7 = 10.05 （m）

【小贴士】式中：3.05 为横栏杆长度；1 为竖栏杆高度；7 为竖栏杆数量。

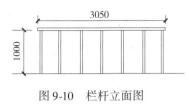

图 9-10　栏杆立面图

【例 9-8】某办公室轻质隔断墙需拆除，墙高为 3000mm，墙厚为 200mm，建筑平面图如图 9-11 所示，建筑平面三维示意图如图 9-12 所示。试根据图纸计算轻质隔断墙拆除工程量并计价。

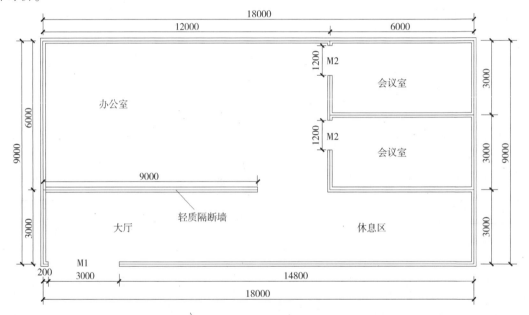

图 9-11　建筑平面图

【解】1. 清单工程量

清单工程量计算规则：按拆除部位的面积计算。

轻质隔断墙拆除工程量 = （9 - 0.2/2）× 3 = 26.7 （m²）

【小贴士】式中：（9 - 0.2/2）为轻质隔断墙的长度；3 为墙高。

2. 定额工程量

定额工程量同清单工程量。

3. 计价

套《河南省房屋建筑与装饰工程预算定额》（HA-01-31-2016）中子目 16-8，见表 9-6。

图 9-12　建筑三维示意图

表9-6 砌体拆除 （单位：10m²）

定额编号		16-8	16-9
项目		轻质墙板墙	石膏板隔断墙
基价（元）		78.92	147.40
其中	人工费（元）	51.13	95.52
	材料费（元）	—	—
	机械使用费（元）	—	—
	其他措施费（元）	2.76	5.15
	安文费（元）	5.99	11.19
	管理费（元）	6.95	12.97
	利润（元）	4.66	8.70
	规费（元）	7.43	13.87

计价：$26.7/10 \times 78.92 = 210.72$（元）

9.5 管道及卫生洁具拆除

1. 管道及卫生洁具拆除原则

管道大部分为钢管和铸铁管，在拆除前应先停水、泄水，铸铁管道用手锯或手持砂轮锯锯断管道进行拆除，其他管道可以用气割。拆管时要按支管、干管、立管的顺序，在拆除工程中尽量保持材料的完好，并将材料码齐或者移交甲方或者撤离现场。卫生洁具的拆除要尽量保证洁具完好，并及时清理现场。

2. 清单工程量计算规则

（1）管道拆除的计算规则：按拆除管道的延长米计算。

（2）卫生洁具拆除的计算规则：按拆除的数量计算。

3. 实训练习

【例9-9】某建筑室内暖气管道需要拆除，暖气管道布置平面图如图9-13所示。试根据图纸计算暖气管道拆除工程量。

【解】清单工程量计算如下。

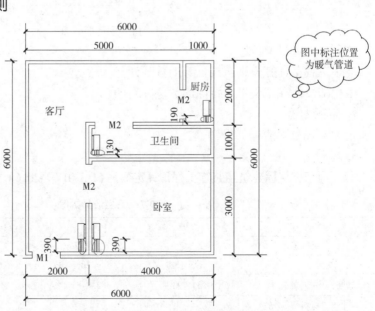

图中标注位置为暖气管道

图9-13 某建筑室内暖气管道布置平面图

清单工程量计算规则：按拆除管道的延长米计算。

暖气管道拆除工程量 = 0.39 × 4 + 0.13 × 2 + 0.19 × 2 = 2.2（m）

【小贴士】式中：0.39 为客厅、卧室暖气管道的长度；4 为客厅、卧室暖气管道的数量；0.13 为卫生间暖气管道的长度；2 为卫生间暖气管道的数量；0.19 为厨房暖气管道的长度；2 为厨房暖气管的数量。

【例 9-10】某建筑蹲式大便器需进行拆除改为坐式大便器，建筑平面示意图如图 9-14 所示。试根据图纸计算拆除工程量并计价。

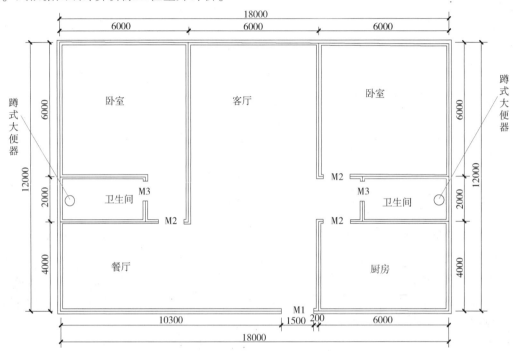

图 9-14　建筑平面图

【解】1. 清单工程量

清单工程量计算规则：按拆除的数量计算。

卫生洁具拆除工程量 = 拆除的数量 = 2（套）

2. 定额工程量

定额工程量同清单工程量。

3. 计价

套《河南省房屋建筑与装饰工程预算定额》（HA-01-31-2016）中子目 16-94，见表 9-7。

表 9-7　卫生洁具拆除　　　　　　　　　　　　　　　　　（单位：10 套）

定额编号		16-93	16-94	16-95	16-96
项目		坐式大便器	蹲式大便器	大便器水箱	挂式小便器
基价（元）		393.15	589.78	105.53	197.72
其中	人工费（元）	254.793	382.24	68.33	128.01
	材料费（元）	—	—	—	—
	机械使用费（元）	—	—	—	—

（续）

其中	其他措施费（元）	13.73	20.59	3.69	6.92
	安文费（元）	29.84	44.76	8.02	15.03
	管理费（元）	34.59	51.89	9.30	17.43
	利润（元）	23.20	34.80	6.24	11.69
	规费（元）	37.00	55.50	9.95	18.64

计价：$2/10 \times 589.78 = 117.96$（元）

9.6 灯具、玻璃拆除

1. 清单工程量计算规则

（1）灯具拆除的计算规则：按拆除的数量计算。

（2）玻璃拆除的计算规则：按拆除的面积计算。

2. 实训练习

【例9-11】 某建筑大厅吸顶灯需要进行拆除，建筑平面图如图9-15所示。试根据图纸计算灯具拆除工程量并计价。

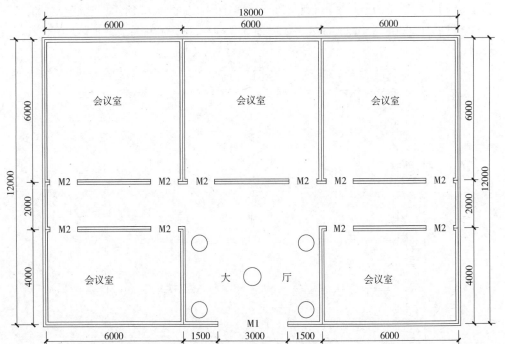

图9-15 某建筑平面图

【解】1. 清单工程量

清单工程量计算规则：按拆除的数量计算。

灯具拆除工程量 = 图示拆除的数量 = 5（套）

2. 定额工程量

定额工程量同清单工程量。

3. 计价

套《河南省房屋建筑与装饰工程预算定额》（HA-01-31-2016）中子目16-101，见表9-8。

表9-8　一般灯具拆除　　　　　　　　　　［单位：10套（只）］

定额编号	16-101	16-102	16-103	16-104	16-105
项目	吸顶灯	软线吊灯	吊链灯	壁灯	吊杆灯
基价（元）	55.09	47.63	47.63	52.12	47.63
其中　人工费（元）	35.70	30.87	30.87	33.77	30.87
材料费（元）	—	—	—	—	—
机械使用费（元）	—	—	—	—	—
其他措施费（元）	1.92	1.66	1.66	1.82	1.66
安文费（元）	4.18	3.62	3.62	3.96	3.62
管理费（元）	4.85	4.19	4.19	4.59	4.19
利润（元）	3.25	2.81	2.81	3.08	2.81
规费（元）	5.19	4.48	4.48	4.90	4.48

计价：$5/10 \times 55.09 = 27.55$（元）

【例9-12】 某建筑窗户玻璃需进行拆除，建筑平面图如图9-16所示，建筑三维图如图9-17所示，C1尺寸为3000mm×1800mm，C2尺寸为1500mm×1800mm。试根据图纸计算玻璃拆除工程量。

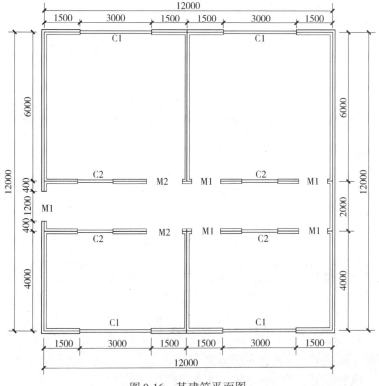

图9-16　某建筑平面图

【解】清单工程量计算如下。

清单工程量计算规则：按拆除的面积计算。

窗户玻璃拆除工程量 $= 3 \times 1.8 \times 4 + 1.5 \times 1.8 \times 4 = 32.4$（$m^2$）

【小贴士】式中：3 为 C1 的玻璃长度；1.8 为 C1 的玻璃高度；4 为 C1 的数量；1.5 为 C2 的玻璃长度；1.8 为 C2 的玻璃高度；4 为 C-2 的数量。

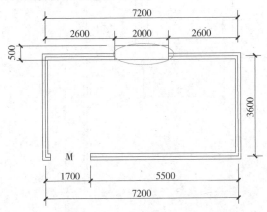

图 9-17　某建筑三维示意图

9.7　其他构件拆除

1. 清单工程量计算规则

（1）暖气罩、柜体拆除的计算规则：按拆除垂直投影面积计算。

（2）窗台板、筒子板、窗帘盒、窗帘轨拆除的计算规则：按拆除的延长米计算。

2. 实训练习

【例 9-13】某房间窗台板（石材）需进行拆除，窗台板布置平面图如图 9-18 所示。试根据图纸计算窗台板拆除工程量并计价。

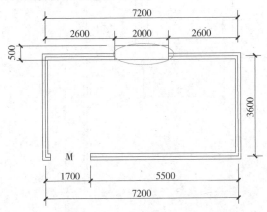

图中标注位置为窗台板

图 9-18　窗台板布置平面图

【解】1. 清单工程量

清单工程量计算规则：按拆除的延长米计算。

窗台板拆除工程量 = 拆除的延长米计算 = 2（m）

2. 定额工程量

定额工程量同清单工程量。

3. 计价

套《河南省房屋建筑与装饰工程预算定额》（HA-01-31-2016）中子目 16-115，见表 9-9。

表9-9　其他构件拆除　　　　　　　　　　（单位：10m）

定额编号	16-114	16-115
项目	窗台板拆除	
	木质	石材瓷板
基价（元）	141.45	186.11
其中　人工费（元）	91.66	120.60
材料费（元）	—	—
机械使用费（元）	—	—
其他措施费（元）	4.94	6.50
安文费（元）	10.74	14.13
管理费（元）	12.45	16.38
利润（元）	8.35	10.98
规费（元）	13.31	17.52

计价：$2/10 \times 186.11 = 37.22$（元）

【例9-14】某房间阳台窗帘轨需进行拆除，如图9-19所示。试根据图纸计算窗帘轨拆除工程量并计价。

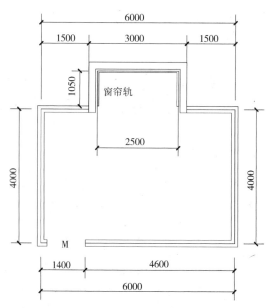

图9-19　某房间阳台平面图

【解】1. 清单工程量

清单工程量计算规则：按拆除的延长米计算。

窗帘轨拆除工程量 $= 1.05 \times 2 + 2.5 = 4.6$（m）

2. 定额工程量

定额工程量同清单工程量。

3. 计价

套《河南省房屋建筑与装饰工程预算定额》（HA-01-31-2016）中子目16-118，见表9-10。

表 9-10　其他构件拆除　　　　　　　　　（单位：10m）

定额编号		16-117	16-118
项目		窗帘盒拆除	窗帘轨拆除
基价（元）		23.43	14.49
其中	人工费（元）	15.04	9025
	材料费（元）	—	—
	机械使用费（元）	—	—
	其他措施费（元）	0.83	0.52
	安文费（元）	1.81	1.13
	管理费（元）	2.10	1.31
	利润（元）	1.41	0.88
	规费（元）	2.24	1.40

计价：$4.6/10 \times 14.49 = 6.67$（元）

9.8　楼地面装饰工程修缮

1. 清单工程量计算规则

（1）整体面层楼地面修补，块料、石材面层楼地面修补，橡塑楼地面修补，竹、木（复合）地板修整，防静电活动地板修补，踢脚线修补，楼梯面层修补，台阶面层修补，楼地面找平层修补工程量计算规则：按设计图示尺寸或实际修补尺寸以面积计算。

（2）木楼梯踏板、梯板整修，木楼梯踏板、梯板换拆工程量计算规则：按设计图示尺寸或实际整修数量以步数计算。

（3）楼梯防滑条填换工程量计算规则：按设计图示尺寸以长度计算。

2. 实训练习

【例 9-15】某建筑会议室地面需进行修缮，建筑平面图如图 9-20 所示，建筑三维示意图如图 9-21 所示，墙厚为 200mm。试根据图纸计算地面修缮工程量。

【解】清单工程量计算如下。

清单工程量计算

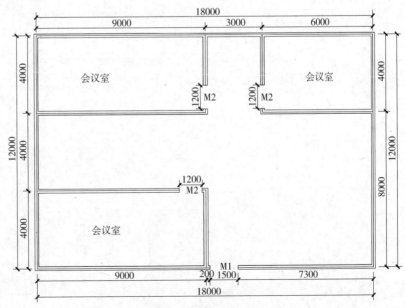

图 9-20　某建筑平面图

图 9-21　某建筑三维示意图

规则：按设计图示尺寸或实际修补尺寸以面积计算。

地面修补工程量 $= (9 - 0.2) \times (4 - 0.2) \times 2 + (6 - 0.2) \times (4 - 0.2) = 88.92$（m²）

【小贴士】式中：$(9 - 0.2)$ 为左侧会议室的长；$(4 - 0.2)$ 为会议室的宽；2 为左侧会议室的数量；$(6 - 0.2)$ 为右侧会议室的长；$(4 - 0.2)$ 为右侧会议室的宽。

【例9-16】某仓库地面因损坏严重需全部进行修缮，其平面图如图9-22所示，其三维示意图如图9-23所示，墙厚为200mm。试根据图纸计算地面修缮工程量。

【解】清单工程量计算如下。

清单工程量计算规则：按设计图示尺寸或实际修补尺寸以面积计算。

地面修补工程量 $= (6 - 0.2) \times (12 - 0.2) \times 2 + (6 - 0.2) \times (12 - 3 - 0.2)$

$\qquad = 136.88 + 51.04$

$\qquad = 187.92$（m²）

【小贴士】式中：$(6 - 0.2)$ 为左右两侧仓库的长；$(12 - 0.2)$ 为左右两侧仓库的宽；2

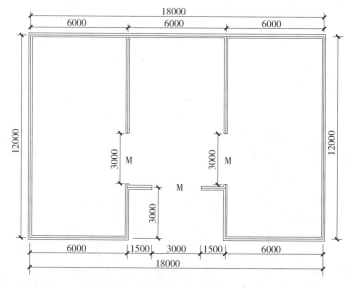

图 9-22　某仓库平面图

图 9-23 某仓库三维示意图

为左右两侧仓库的数量；（6 - 0.2）为中间仓库的长；（12 - 3 - 0.2）为中间仓库的宽。

9.9 墙、柱面抹灰、面层及饰面修缮

1. 清单工程量计算规则

墙、柱面抹灰修补，其他面（零星）抹灰修补，块料、石材墙柱面修补，其他面（零星）块料、石材修补，墙、柱饰面修补：按设计图示尺寸或实际修补尺寸以面积计算。

2. 实训练习

【例 9-17】某建筑柱面抹灰需重新进行修补，柱截面尺寸为 300mm × 300mm，柱示意图如图 9-24 所示，柱的布置三维示意图如图 9-25 所示。试根据图纸计算柱面抹灰修补工程量。

图 9-24 柱示意图   图 9-25 柱的布置三维示意图

【解】清单工程量计算如下。

清单工程量计算规则：按设计图示尺寸或实际修补尺寸以面积计算。

柱面抹灰修补工程量 = 0.3 × 3 × 4 × 35 = 126（m²）

【小贴士】式中：0.3 为柱的截面宽度；3 为柱的高度；4 为柱的面数；35 为柱的数量。

【例 9-18】某建筑大厅内墙抹灰需重新进行修补，其平面图如图 9-26 所示，墙厚为 240mm，墙高为 3000mm，门尺寸为 1200mm × 2100mm。试根据图纸计算墙面抹灰修补工程量。

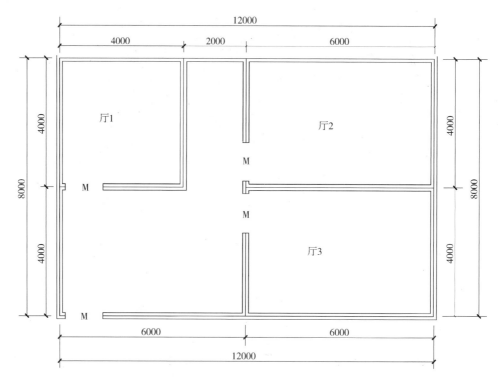

图 9-26 某建筑大厅平面图

【解】清单工程量计算如下。

清单工程量计算规则：按设计图示尺寸或实际修补尺寸以面积计算。

$$\begin{aligned}
\text{墙面抹灰修补工程量} &= [(4-0.24)\times2\times3-1.2\times2.1]+(4\times2\times3-1.2\times2.1)+ \\
&\quad [(6-0.24)\times2\times3+(4-0.24)\times2\times3-1.2\times2.1\times2]+ \\
&\quad [(8-0.24)\times3-1.2\times2.1\times2] \\
&= 20.04+21.48+52.08+18.24 \\
&= 111.84\ (\text{m}^2)
\end{aligned}$$

【小贴士】式中：$(4-0.24)\times2$ 为厅 1 内部的墙的长度；3 为墙高；1.2×2.1 为门的面积；$4\times2\times3$ 为厅 1 外部的墙的长度；$(6-0.24)\times2$ 为厅 2、厅 3 内部的墙的长度；$(4-0.24)\times2$ 为厅 2、厅 3 内部的墙的宽度；$(8-0.24)$ 为厅 2、厅 3 外部的墙的长度。

【例 9-19】某建筑教室 1、教室 2 内墙抹灰需重新进行修补，建筑平面图如图 9-27 所示，墙厚为 240mm，墙高为 3000mm，M1 尺寸为 1200mm×2100mm，M2 尺寸为 1500mm×2100mm，C1 尺寸为 3000mm×1800mm。试根据图纸计算墙面抹灰修补工程量。

【解】清单工程量计算如下。

清单工程量计算规则：按设计图示尺寸或实际修补尺寸以面积计算。

$$\begin{aligned}
\text{墙面抹灰修补工程量} &= [(6-0.24)\times2\times3-1.5\times2.1]+[(6-0.24)\times3+(6-0.24)\times \\
&\quad 3-1.2\times2.1\times2]+[(12-0.24)\times3-1.2\times2.1\times2-1.5\times \\
&\quad 2.1] \\
&= 31.41+29.52+27.09 \\
&= 88.02\ (\text{m}^2)
\end{aligned}$$

【小贴士】式中：（6 - 0.24）×2 为教室 1 内部墙的总长；3 为墙高；1.5×2.1 为 M2 的面积；（6 - 0.24）为教室 2 内部墙的长度；1.2×2.1 为 M1 的面积；（12 - 0.24）为教室 1、教室 2 外部墙的总长度。

9.10 隔断、隔墙修缮

1. 清单工程量计算规则

（1）隔断整修工程量计算规则：按设计图示尺寸或实际整修尺寸以面积计算。

（2）隔墙修补工程量计算规则：按设计图示尺寸或实际修补尺寸以面积计算。

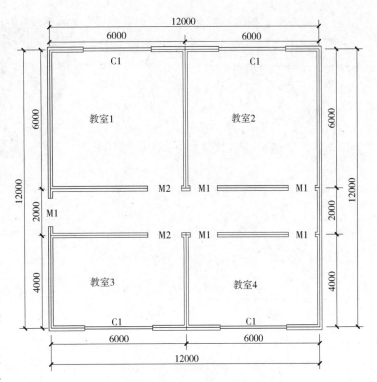

图 9-27　某建筑平面图

2. 实训练习

【例 9-20】某办公室隔墙需重新进行修补，其平面图如图 9-28 所示，墙厚为 200mm，墙高为 3000mm，其三维示意图如图 9-29 所示。试根据图纸计算隔墙修补工程量。

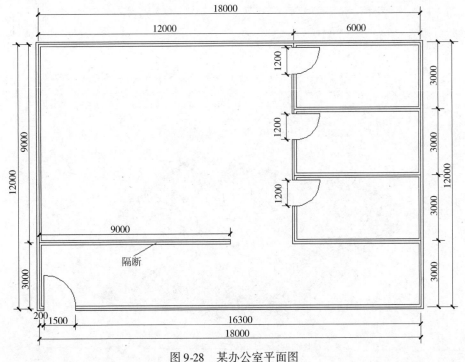

图 9-28　某办公室平面图

【解】清单工程量计算如下。

清单工程量计算规则：按设计图示尺寸或实际修补尺寸以面积计算。

隔墙修补工程量 = $9 \times 3 \times 2 + 0.2 \times 3 = 54.6$（$m^2$）

【小贴士】式中：9 为隔墙正面的长度；3 为墙高；2 为正面隔墙数量；0.2 为隔墙侧面长度。

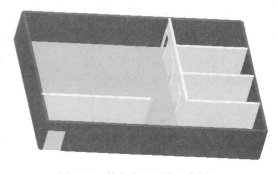

图 9-29　某办公室三维示意图

【例 9-21】某办公室隔断需重新进行整修，其平面图如图 9-30 所示，墙厚为 200mm，墙高为 3000mm，其三维示意图如图 9-31 所示。试根据图纸计算隔断整修工程量。

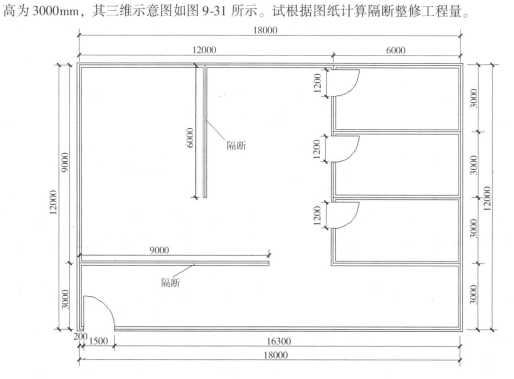

图 9-30　某办公室平面图

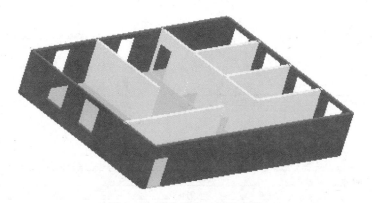

图 9-31　某办公室三维示意图

【解】清单工程量计算如下。

清单工程量计算规则：按设计图示尺寸或实际整修尺寸以面积计算。

隔断整修工程量 $= 9 \times 3 \times 2 + 0.2 \times 3 + 6 \times 3 \times 2 + 0.2 \times 3 = 91.2$（$m^2$）

【小贴士】式中：9为横向隔断正面的长度；3为墙高；2为正面隔断数量；0.2为横向隔断侧面长度；6为竖向隔断正面的长度；0.2为竖向隔断侧面长度。

9.11　天棚抹灰、吊顶修缮

1. 清单工程量计算规则

（1）天棚抹灰修补工程量计算规则：按设计图示尺寸或实际修补尺寸以面积计算。

（2）吊顶面层补换工程量计算规则：按设计图示尺寸或实际补换尺寸以面积计算。

（3）天棚支顶加固工程量计算规则：按设计图示尺寸或实做面积计算。

2. 实训练习

【例9-22】某建筑天棚需重新进行抹灰，墙厚为240mm，墙高为3000mm，该建筑平面图如图9-32所示，该建筑三维示意图如图9-33所示。试根据图纸计算天棚抹灰修补工程量。

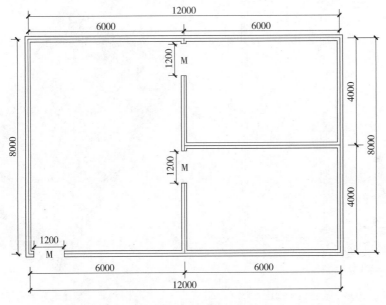

图9-32　某建筑平面图

图9-33　某建筑三维示意图

【解】清单工程量计算如下。

清单工程量计算规则：按设计图示尺寸或实际修补尺寸以面积计算。

$$天棚抹灰修补工程量 = (6-0.24) \times (8-0.24) + (6-0.24) \times (4-0.24) \times 2$$
$$= 88.01（m^2）$$

【小贴士】式中：$(6-0.24) \times (8-0.24)$ 为左侧房间天棚面积；$(6-0.24) \times (4-0.24) \times 2$ 为右侧房间天棚面积。

【例9-23】某建筑天棚需重新进行抹灰，墙厚为240mm，墙高为3000mm，该建筑平面图如图9-34所示，该建筑三维示意图如图9-35所示，天井不计入天棚抹灰修补工程量。试根据图纸计算天棚抹灰修补工程量。

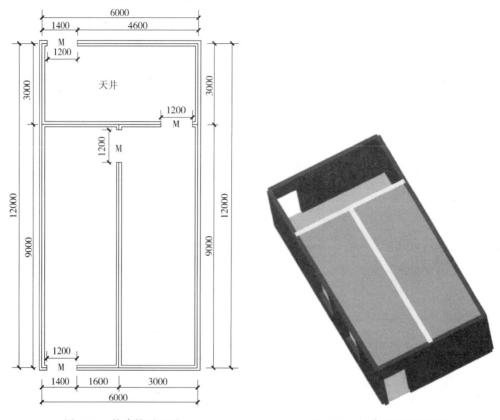

图9-34　某建筑平面图　　　　　　　　图9-35　某建筑三维示意图

【解】清单工程量计算如下。

清单工程量计算规则：按设计图示尺寸或实际修补尺寸以面积计算。

$$天棚抹灰修补工程量 = (3-0.24) \times (9-0.24) \times 2$$
$$= 2.76 \times 8.76 \times 2$$
$$= 48.36（m^2）$$

【小贴士】式中：$(3-0.24)$ 为房间的长度；$(9-0.24)$ 为房间的宽度；2是指房间数量。

【例9-24】某建筑会议室和办公室1吊顶面层需重新进行补换，墙厚为240mm，墙高为3000mm，该建筑平面图如图9-36所示，该建筑三维示意图如图9-37所示。试根据图纸计算吊顶面层补换工程量。

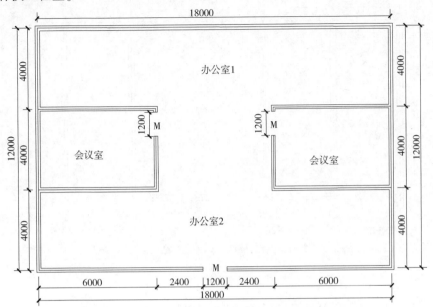

图 9-36 某建筑平面图

图 9-37 某建筑三维示意图

【解】清单工程量计算如下。

清单工程量计算规则：按设计图示尺寸或实际补换尺寸以面积计算。

吊顶面层补换工程量 $= (18 - 0.24) \times (4 - 0.24) + (6 - 0.24) \times (4 - 0.24) \times 2$

$\qquad\qquad\qquad\quad = 110.093 \ (\text{m}^2)$

【小贴士】式中：$(18 - 0.24)$ 为办公室 1 的长度；$(4 - 0.24)$ 为办公室 1 的宽度；$(6 - 0.24)$ 为会议室的长度；$(4 - 0.24)$ 为会议室的宽度；2 为会议室的数量。

【例 9-25】某建筑天棚需进行加固，墙厚为 240mm，墙高为 3000mm，该建筑平面图如图 9-38 所示，该建筑三维示意图如图 9-39 所示。试根据图纸计算天棚支顶加固工程量。

【解】清单工程量计算如下。

清单工程量计算规则：按设计图示尺寸或实际修补尺寸以面积计算。

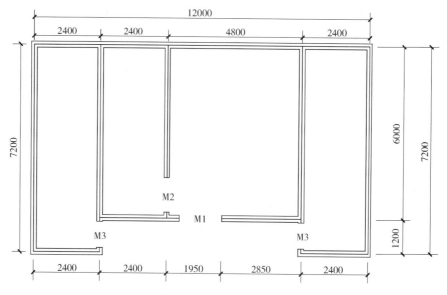

图 9-38　某建筑平面图

图 9-39　某建筑三维示意图

天棚支顶加固工程量 $= (2.4 - 0.24) \times (7.2 - 0.24) + (2.4 - 0.24) \times (6 - 0.24) + (4.8 - 0.24) \times (6 - 0.24) + (2.4 - 0.24) \times (7.2 - 0.24)$

$= 68.774 \, (\text{m}^2)$

【小贴士】式中：$(2.4 - 0.24)$ 为左 1 房间的长度；$(7.2 - 0.24)$ 为左 1 房间的宽度；$(2.4 - 0.24)$ 为左 2 房间的长度；$(6 - 0.24)$ 为左 2 房间的宽度；$(4.8 - 0.24)$ 为左 3 房间的长度；$(6 - 0.24)$ 为左 3 房间的宽度；$(2.4 - 0.24)$ 为左 4 房间的长度；$(7.2 - 0.24)$ 为左 4 房间的宽度。

9.12　油漆、涂料、裱糊修缮

1. 清单工程量计算规则

（1）门、窗油漆翻新工程量计算规则：按设计图示洞口尺寸以面积计算。

（2）木材面油漆翻新、抹灰面油漆翻新工程量计算规则：按设计图示尺寸以面积计算。

（3）木扶手及其他板条、线条油漆翻新，抹灰线条油漆翻新工程量计算规则：按设计图示尺寸以长度计算。

（4）金属面油漆翻新工程量计算规则：按设计展开面积计算。

（5）金属构件油漆翻新工程量计算规则：按设计图示尺寸以质量计算。

2. 实训练习

【例 9-26】 某建筑木门洞口需进行刷漆，该建筑平面图如图 9-40 所示，门洞口高为 2100mm，M1 洞口宽度为 1200mm，M2 洞口宽度为 1500mm。试根据图纸计算木门油漆工程量。

【解】 清单工程量计算如下。

清单工程量计算规则：按设计图示洞口尺寸以面积计算。

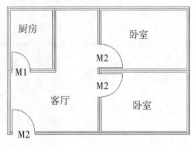

图 9-40　某建筑平面图

木门油漆工程量 = 1.2×2.1 + 1.5×2.1×3 = 11.97（m²）

【小贴士】 式中：1.2×2.1 为 M1 的洞口面积；1.5×2.1 为 M2 的洞口面积；3 为 M2 洞口的数量。

【例 9-27】 某教室黑板框需进行刷漆，黑板立面图如图 9-41 所示。试根据图纸计算黑板框油漆工程量。

【解】 清单工程量计算如下。

清单工程量计算规则：按设计展开面积计算。

黑板框油漆工程量 = (3.1+2)×2×0.05 = 0.51（m²）

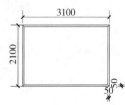

【小贴士】 式中：3.1 为黑板框的长；2 为黑板框的宽。

图 9-41　黑板立面图

【例 9-28】 某建筑采用木材面吊顶，墙厚为 200mm，建筑平面图如图 9-42 所示，吊顶布置图如图 9-43 所示，吊顶三维示意图如图 9-44 所示。试根据图纸计算木材面吊顶油漆翻新工程量。

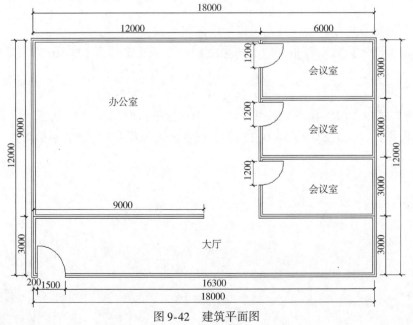

图 9-42　建筑平面图

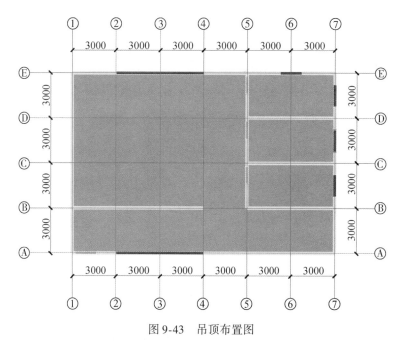

图 9-43　吊顶布置图

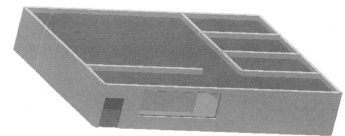

图 9-44　吊顶三维示意图

【解】清单工程量计算如下。

清单工程量计算规则：按设计图示尺寸以面积计算。

木材面吊顶油漆翻新工程量 $= (18 - 0.2) \times (3 - 0.2) + (12 - 0.2) \times (9 - 0.2) +$

$(6 - 0.2) \times (3 - 0.2) \times 3$

$= 49.84 + 103.84 + 48.72 = 202.4 \, (\text{m}^2)$

【小贴士】式中：$(18 - 0.2) \times (3 - 0.2)$ 为大厅吊顶面积；$(12 - 0.2) \times (9 - 0.2)$ 为办公室吊顶面积；$(6 - 0.2) \times (3 - 0.2)$ 为会议室吊顶面积；3 为办公室房间数。

第10章 装饰装修工程工程量清单与定额计价

10.1 装饰装修工程工程量清单及编制

1. 《建设工程工程量清单计价规范》的内容

《建设工程工程量清单计价规范》GB 50500 包括正文和附录两大部分，二者具有同等效力。

（1）正文。正文共分五大部分，包括总则、术语、工程量清单编制、工程量清单计价、工程量清单计价表格等内容。

1）总则。总则共有 7 条，主要阐述了制定本规范的目的、依据，本规范的适用范围，工程量清单计价活动中应遵循的基本原则，执行本规范与执行其他标准之间的关系和附录适用的工程范围等。

2）术语。术语是对本规范特有术语给予的定义，以尽可能避免本规范在贯彻实施过程中由于不同理解造成的争议，本规范术语共计 52 条。

3）工程量清单编制。工程量清单编制主要介绍了工程量清单的组成，包括分部分项工程量清单、措施项目清单、其他项目清单、规费项目清单、税金项目清单。工程量清单是工程量清单计价的基础，应作为编制招标控制价、投标报价、计算工程量、支付工程款、调整合同价款、办理竣工结算以及工程索赔的依据之一。编制工程量清单时必须根据本规范的规定进行编制。

4）工程量清单计价。工程量清单计价共有 11 节，是《建设工程工程量清单计价规范》GB 50500 的主要内容。它规定了工程量清单计价从招标控制价的编制、投标报价、合同价款约定、工程计量、合同价款调整、合同价款期中支付、竣工结算与支付、合同解除的价款结算与支付、合同价款争议的解决、工程造价鉴定、工程计价资料与档案等全部内容。

5）工程量清单计价表格。工程量清单计价表格统一了工程量清单计价表格的格式。

（2）附录。附录主要给出了清单计价表格的统一格式。包括封面、总说明、汇总表、分部分项工程量清单表、措施项目清单表、其他项目清单表、规费和税金项目清单计价表、工程款支付申请（核准）表等，共计 5 种封面、5 种扉页及 31 种表样，完善了从工程量清单、招标控制价、投标报价、竣工结算等各个阶段计价使用的表格，从而大大增加了本规范的实用价值。

2. 装饰装修工程工程量清单编制

装饰装修工程工程量清单应由招标人负责编制，若招标人不具有编制工程量清单的能力，则可委托具有工程造价咨询性质的工程造价咨询人编制。

招标工程量清单必须作为招标文件的组成部分，其准确性和完整性由招标人负责，招标人应将工程量清单连同招标文件一起发售给投标人。投标人依据工程量清单进行投标报价时，对工程量清单不负有核实的义务，更不具有修改和调整的权利。如招标人委托工程造价咨询人编制的工程量清单，其责任仍由招标人负责。

（1）建筑装饰装修工程工程量清单的编制依据。

1）现行国家标准《建设工程工程量清单计价规范》GB 50500 和《房屋建筑与装饰工程工程量计算规范》GB 50854。

2）国家或省级、行业建设主管部门颁发的计价定额和办法。

3）建设工程设计文件及相关资料。

4）拟定的招标文件。

5）施工现场情况、地勘水文资料、工程特点及常规施工方案。

6）其他相关资料。

（2）建筑装饰装修工程工程量清单的编制原则。

1）符合四个统一。工程量清单编制必须符合四个统一的要求，即项目编码统一、项目名称统一、计量单位统一、工程量计算规则统一，并应满足方便管理、规范管理以及工程计价的要求。

2）遵守有关的法律、法规以及招标文件的相关要求。工程量清单必须遵守《中华人民共和国合同法》及《中华人民共和国招标投标法》的要求。建筑装饰装修工程工程量清单是招标文件的核心，编制工程量清单必须以招标文件为准则。

3）工程量清单的编制依据应齐全。受委托的编制人首先要检查招标人提供的图纸、资料等编制依据是否齐全，必要的情况下还应到现场进行调查取证，力求工程量清单编制依据的齐全。

4）工程量清单编制力求准确合理。工程量的计算应力求准确，清单项目的设置力求合理、不漏不重。还应建立健全工程量清单编制审查制度，确保工程量清单编制的全面性、准确性和合理性，提高工程量清单编制质量和服务质量。

（3）建筑装饰装修工程工程量清单的编制方法。

1）分部分项工程工程量清单编制。分部分项工程工程量清单的五个组成要件是项目编码、项目名称、项目特征、计量单位和工程量，并且这五个要件在分部分项工程工程量清单的组成中缺一不可。

①编制要求。分部分项工程工程量清单项目计价必须根据相关工程现行国家计量规范规定的项目编码、项目名称、项目特征、计量单位和工程量计算规则进行编制。

②项目编码。项目编码是分部分项工程工程量清单项目名称的数字标识。分部分项工程工程量清单编码应采用十二位阿拉伯数字表示。一至九位应按附录的规定设置，十至十二位应根据拟

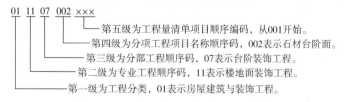

图 10-1　各级编码代表的含义

建工程的工程量清单项目名称设置，同一招标工程的项目编码不得重复。各级编码代表的含义如图 10-1 所示。

③项目名称。分部分项工程工程量清单的项目名称应按各专业工程计量规范附录的项目名称结合拟建工程的实际确定。附录表中的"项目名称"为分部分项工程项目名称，是形

成分部分项工程工程量清单项目名称的基础。即在编制分部分项工程工程量清单时，以附录中的分部分项项目名称为基础，考虑该项目的规格、型号、材质的特征要求，结合拟建工程的实际情况，使其工程量清单项目名称具体化，以反应影响工程造价的主要因素。

④项目特征。项目特征描述的内容按清单计算规范附录的规定，结合工程的实际，满足确定综合单价的需要。若采用标准图集或施工图能够全部或部分满足项目特征描述的要求，项目特征描述可直接采用详见××图集或××图号的方式。对不能满足项目特征描述要求的部分，仍应用文字描述。

⑤计量单位。分部分项工程工程量清单的计量单位应按计算规范附录中规定的计量单位确定。当计量单位有两个以上时，应根据所编制工程量清单项目的特征要求，选择最适宜表现该项目特征并方便计量的单位。例如门窗工程量的计量单位为樘和平方米两个计量单位，在实际工作中就应该选择最适宜、最方便计算的单位来表示。

⑥工程量。分部分项工程工程量清单的工程量应按附录中规定的工程量计算规则计算。现行国家标准《房屋建筑与装饰工程工程量清单计算规范》GB 50854 附录 8～附录 15 为装饰装修工程工程量清单项目及计算规则，适用于工业与民用建筑物和构筑物的装饰装修工程。装饰装修工程的实体项目包括楼地面、墙柱面工程、天棚工程、门窗工程、油漆涂料裱糊工程以及其他。

2）措施项目清单。措施项目是指为完成工程项目施工，发生于该工程施工准备和施工过程中的技术、生活、安全、环境保护等方面的项目。措施项目清单必须根据相关工程现行国家计量规范的规定编制。

①列项要求。措施项目清单应根据拟建工程的实际情况列项。

②计价方式。措施项目清单的计价方式有两种情况。一般来说，非实体项目费用的发生和金额的大小与使用时间、施工方法或者两个以上的工序相关，与实际完成的实体工程量的多少关系不大，如大中型施工机械进、出场及安、拆费，文明施工和安全防护、临时涉水的措施项目，可以以"项"为计量单位进行编制。另外，有的非实体性项目，如脚手架工程等，与完成的工程实体具有直接关系，且可以精确计量，则可以采用分部分项工程工程量清单的方式，并用综合单价计价更有利于合同管理。

3）其他项目清单的编制。其他项目清单是指分部分项清单项目和措施项目以外，该工程项目施工中可能发生的其他费用项目和相应数量的清单。其他项目清单宜按照暂列金额、暂估价（包括材料暂估价、专业工程暂估价）、计日工、总承包服务费四项内容来列项。由于工程建设标准的高低、工程的复杂程度、工程的工期长短、工程的组成内容、发包人对工程管理要求等都直接影响其他项目清单的具体内容，以上内容作为列项参考，其不足部分，编制人可根据工程的具体情况进行补充。

4）规费项目清单的编制。规费是指根据省级政府或省级有关权力部门规定必须缴纳的，应计入建筑安装工程造价的费用。规费项目清单应按照工程排污费、工程定额测定费、社会保障费（包括养老保险费、失业保险费、医疗保险费）、住房公积金、危险作业意外伤害保险等内容列项。若出现上述未列的项目，应根据省级政府或省级有关权力部门的规定列项。

规费作为政府和有关权力部门规定必须缴纳的费用，政府和有关权力部门可根据形势发展的需要，对规费项目进行调整。因此，对《建筑安装工程费用项目组成》未包括的规费项目，在计算规费时应根据省级政府和省级有关权力部门的规定进行补充。

5）税金项目清单的编制。税金是指国家税法规定的应计入建筑安装工程造价内的营业税、城市维护建设税及教育费附加等。税金项目清单应包括营业税、城市维护建设税、教育费附加三项内容。如国家税法发生变化或地方政府及税务部门依据职权对税种进行了调整，应对税金项目清单进行相应调整。

规费和税金应按国家或省级、行业建设主管部门的规定计算，不得作为竞争性费用。

10.2 工程量清单计价概述

10.2.1 工程量清单计价的适用范围

1. 工程量清单计价的概念

工程量清单计价是指由投标人按照招标人提供的工程量清单，逐一地填报单价，并计算出建设项目所需的全部费用，主要包括分部分项工程费、措施项目费、其他项目费、规费和税金等的这一过程。工程量清单计价应采用"综合单价"计价。综合单价是指完成规定计量单位分项工程所需的人工费、材料费、施工机械使用费、管理费、利润，并考虑了风险因素的一种单价。

2. 工程量清单计价的适用范围

现行国家标准《建设工程工程量清单计价规范》GB 50500适用于建设工程发承包及实施阶段的计价活动。使用国有资金投资的建设工程发承包，必须采用工程量清单计价。以国有资金投资为主的工程建设项目是指国有资金占投资总额的50%以上，或虽不足50%但国有投资实质上拥有控股权的工程建设项目。非国有资金投资的建设工程宜采用工程量清单计价。

10.2.2 工程量清单计价的基本原理

工程量清单计价的基本原理是以招标人提供的工程量清单为平台，投标人根据自身的技术、财务、管理能力进行投标报价，招标人根据具体的评标细则进行优选，这种计价方式是市场定价体系的具体表现形式。

通常工程量清单计价的基本过程可以描述为，在统一工程量计算规则的基础上，制定工程量清单项目设置规则，根据具体工程的施工图计算出各个清单项目的工程量，再根据各种渠道所获得的工程造价信息和经验数据计算得到工程造价。工程造价工程量清单计价的基本过程如图10-2所示。

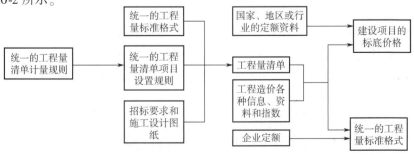

图10-2 工程造价工程量清单计价的基本过程

从工程量清单计价过程可以看出，其编制过程通常可以分为两个阶段：工程量清单格式的编制和利用工程量清单来编制投标报价。投标报价是在业主提供的工程量计算结果的基础上，根据企业自身所掌握的各种信息、资料，结合企业定额编制。

10.3　工程量清单计价的应用

10.3.1　招标控制价

1. 工程量清单招标控制价

工程量招标控制价也称拦标价，是指招标人根据国家或省级、行业建设主管部门颁发的有关计价依据和办法，按装饰装修设计施工图计算，在招标过程中向投标人公示的工程项目总价格的最高限额，也是招标人期望价格的最高标准，要求投标人投标报价不得超过它，否则视为废标。在国有资金投资的工程进行招标时，根据《中华人民共和国招投标法》第二十二条二款的规定："招标人设有标底的，标底必须保密"。但实行工程量清单招标后，由于招标方式的改变，标底保密这一法律规定已不能起到有效遏制哄抬标价的作用。因此，为有利于客观、合理地评审投标报价和避免哄抬标价，造成国有资产流失，招标人应编制招标控制价，作为招标人能够接受的最高交易价格。招标控制价体现了招标人的主观意愿，明确表达了招标人购买建筑产品品质要求及其经济承受能力。

2. 编制招标控制价的原则

为使招标控制价能够实现编制的根本目的，能够起到真实反映市场价格机制的作用，从根本上真正保护招标人的利益，在编制的过程中应遵循以下三个原则：①社会平均水平原则；②诚实信用原则；③公平公正公开原则。

3. 建筑工程招标控制价的编制

（1）招标控制价与标底的关系。

1）设标底招标。易发生泄露标底，从而失去招标的公平公正性。同时将标底作为衡量投标人报价的基准，导致投标人会尽力迎合标底，往往导致了招标投标过程反映的不是投标人实力的竞争。

2）无标底招标。有可能出现哄抬价格或者不合理的底价招标的情况。同时评标时，招标人对投标人的报价没有参考依据和评判标准。

3）招标控制价招标。

①采用招标控制价招标可有效控制投资，提高了招标的透明度。在投标过程中投标人可以自主报价，既设置了控制上限又尽量地减少了业主依赖评标基准价的影响。

②采用招标控制价招标也可能出现如下问题：若"最高限价"大大高于市场平均价时可能诱导投标人串标围标；若公布的最高限价远远低于市场平均价，就会影响招标效率。

（2）编制招标控制价的规定。

1）投标人的投标报价若超过招标控制价的，其投标作为废标处理。

2）工程造价咨询人不得同时接受招标人和投标人对同一工程的招标控制价和投标报价的编制。

3）招标控制价应在招标文件中公布，且在公布招标控制价时，除公布招标控制价的总价外，还应公布各单位工程的分部分项工程费、措施项目费、其他项目费、规费和税金。

4）投标人经复核认为招标人公布的招标控制价未按规定进行编制的，应在招标控制价公布后5天内向招标投标监督机构和工程造价管理机构投诉。工程造价管理机构受理投诉后，应立即对招标控制价进行复查，组织投诉人、被投诉人或其委托的招标控制价编制人等单位人员对投诉问题逐一核对。当复查结论与原公布的招标控制价误差大于±3%时，应责令招标人改正。

4. 招标控制价的编制内容

招标控制价的编制内容包括分部分项工程费、措施项目费、其他项目费、规费和税金，各个部分有不同的计价要求。

（1）为使招标控制价与投标报价所包含的内容一致，综合单价中应包括招标文件中要求投标人所承担的风险内容及其范围（幅度）产生的风险费用。

（2）暂列金额可根据工程的复杂程度、设计深度、工程环境条件（包括地质、水文、气候条件等）进行估算，一般可以分部分项工程费的10%~15%为参考。

（3）暂估价中的材料单价应按照工程造价管理机构发布的工程造价信息中的材料单价计算，工程造价信息未发布的材料单价，其单价参考市场价格估算。暂估价中的专业工程暂估价应区分不同专业，按有关计价规定估算。

（4）计日工中的人工单价和施工机械台班单价应按省级、行业建设主管部门或其授权的工程造价管理机构公布的单价计算；材料应按工程造价管理机构发布的工程造价信息中的材料单价计算，工程造价信息未发布材料单价的材料，其价格应按市场调查确定的单价计算。

（5）总承包服务费应按照省级或行业建设主管部门的规定计算，在计算时可参考以下标准：

1）招标人仅要求对分包的专业工程进行总承包管理和协调时，按分包的专业工程估算造价的1.5%计算。

2）招标人要求对分包的专业工程进行总承包管理和协调，并同时要求提供配合服务时，根据招标文件中列出的配合服务内容和提出的要求，按分包的专业工程估算造价的3%~5%计算。

3）招标人自行供应材料的，按招标人供应材料价值的1%计算。

10.3.2 投标价

1. 投标报价的概念

《建设工程工程量清单计价规范》GB 50500规定，投标价是投标人参与工程项目投标时报出的工程造价，即投标价是指在工程招标发包过程中，由投标人或受其委托具有相应资质的工程造价咨询人按照招标文件的要求以及有关计价规定，依据发包人提供的工程量清单、施工设计图，结合工程项目特点、施工现场情况及企业自身的施工技术、装备和管理水平等，自主确定的工程造价。

投标价是投标人希望达成工程承包交易的期望价格，但不能高于招标人设定的招标控制价。投标报价的编制是指投标人对拟建工程项目所发生的各种费用的计算过程。作为投标计算的必要条件应预先确定施工方案和施工进度。此外投标价计算还必须与采用的合同形式相一致。

2. 投标价的编制原则

报价是投标的关键性工作，报价是否合理直接关系到投标工作的成败。采用工程量清单计价编制投标报价的原则如下：

（1）投标报价由投标人自主确定，但必须执行《建设工程工程量清单计价规范》GB 50500 的强制性规定。投标价应由投标人或受其委托且具有相应资质的工程造价咨询人编制。

（2）投标人的投标报价不得低于成本。《中华人民共和国招标投标法》中规定："中标人的投标应当符合下列条件……（二）能够满足招标文件的实质性要求，并且经评审的投标价格最低；但是投标价格低于成本的除外。"《评标委员会和评标方法暂行规定》中规定："在评标过程中，评标委员会发现投标人的报价明显低于其他投标报价或者在设有标底时明显低于标底的，使得其投标报价可能低于其个别成本的，应当要求该投标人做出书面说明并提供相关证明材料。投标人不能合理说明或者不能提供相关证明材料的，由评标委员会认定该投标人以低于成本报价竞标，其投标应作为废标处理。"上述法律法规的规定特别要求投标人的投标报价不得低于成本。

（3）按招标人提供的工程量清单填报价格。实行工程量清单招标，招标人在招标文件中提供工程量清单，其目的是使各投标人在投标报价中具有共同的竞争平台。因此，为避免出现差错，要求投标人应按招标人提供的工程量清单填报投标价格，填写的项目编码、项目名称、项目特征、计量单位、工程量必须与招标人提供的一致。

（4）投标报价要以招标文件中设定的承发包双方责任划分，作为设定投标报价费用项目和费用计算的基础。承发包双方的责任划分不同，会导致合同风险分摊不同，从而导致投标人报价不同；不同的工程承发包模式会直接影响工程项目投标报价的费用内容和计算深度。

（5）应该以施工方案、技术措施等作为投标报价计算的基本条件。企业定额反映企业技术和管理水平，是计算人工、材料和机械台班消耗量的基本依据；更要充分利用现场考察、调研成果、市场价格信息和行情资料等编制基础标价。

（6）报价计算方法要科学严谨，简明适用。

3. 投标价编制依据

（1）《建设工程工程量清单计价规范》GB 50500。

（2）国家或省级、行业建设主管部门颁发的计价办法。

（3）企业定额、国家或省级、行业建设主管部门颁发的计价定额。

（4）招标文件、工程量清单及其补充通知，答疑纪要。

（5）建设工程项目的设计文件及相关资料。

（6）施工现场情况、工程项目特点及拟定投标文件的施工组织设计或施工方案。

（7）与建设项目相关的标准、规范等技术资料。

（8）市场价格信息或工程造价管理机构发布的工程造价信息。

（9）其他的相关资料。

4. 投标价的编制内容

在编制投标报价之前，需要先对清单工程量进行复核。因为工程量清单中的各分部分项工程量并不十分准确，若设计深度不够则可能有较大的误差，而工程量的多少是选择施工方法、安排人力和机械、准备材料必须考虑的因素，自然也影响分项工程的单价，因此一定要对工程量进行复核。

投标报价的编制过程应首先根据招标人提供的工程量清单编制分部分项工程量清单计价表，措施项目清单计价表，其他项目清单计价表，规费、税金项目清单计价表，计算完毕后汇总而得到单位工程投标报价汇总表，再层层汇总，分别得出单项工程投标报价汇总表和工程项目投标总价汇总表。工程项目工程量清单投标报价流程，如图 10-3 所示。

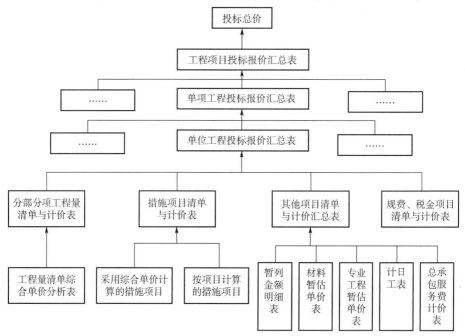

图 10-3　工程项目工程量清单投标报价流程

10.3.3　合同价款的确定与调整

　　　　工程合同价款是发包人、承包人在协议书中约定，发包人用以支付承包人按照合同约定完成承包范围内全部工程并承担质量保修责任的价款。合同价款是双方当事人关心的核心条款。工程的合同价款由发包人、承包人依据中标通知书中的中标价格在协议书内约定。合同价款约定后，任何一方不得擅自改变。

《建筑工程施工发包与承包计价管理办法》规定，工程合同价可以采用三种方式约定：固定合同价格、可调合同价格和成本加酬金合同价格。

1. 固定合同价格

固定合同价格是指在约定的风险范围内价款不再调整的合同。双方必须在专用条款内约定合同价款包含的风险范围、风险费用的计算方法和承包风险范围以外对合同价款影响的调整方法，在约定的风险范围内合同价款不再调整。固定合同价格可分为固定合同总价和固定合同单价两种方式。

（1）固定合同总价。固定合同总价的价格计算是以设计图、工程量及规范等为依据，承发包双方就承包工程协商一个固定的总价。即承包方按投标时发包方接受的合同价格实施工程，无特定情况不作变化。

采用这种合同时，合同总价只有在设计和工程范围发生变更的情况下才能随之做相应的变更，除此之外，合同总价一般不能变动。因此，采用固定总价合同，承包方要承担合同履行过程中的主要风险，要承担实物工程量、工程单价等变化可能造成损失的风险。在合同执行过程中，承发包双方均不能以工程量、设备和材料价格、工资等变动为理由，提出对合同总价调值的要求。所以，作为合同总价计算依据的设计图、说明、规定及规范需对工程做出详尽的描述，承包方要在投标时对一切费用上升的因素做出估计，并将其包含在投标报价之中。承包方因为可能要为许多不可预见的因素付出代价，所以往往会加大不可预见费用，致使这种合同的投标价格较高，并不能真正降低工程造价。

固定总价合同一般适用于：

1）招标时的设计深度已达到施工图设计要求，工程设计图完整、齐全，项目、范围及工程量计算依据确切，合同履行过程中不会出现较大的设计变更，承包方依据的报价工程量与实际完成的工程量不会有较大的差异。

2）预见到实施过程中可能遇到的各种风险。

3）合同工期较短，一般为一年之内的工程。

（2）固定合同单价。固定单价合同分为估算工程量单价合同与纯单价合同。

1）估算工程量单价合同。其是以工程量清单和工程单价表为基础和依据来计算合同价格的，也可称为计量估价合同。估算工程量单价合同通常是由发包方提出工程量清单，列出分部分项工程量，由承包方以此为基础填报相应单价，累计计算后得出合同价格。但最后的工程结算价应按照实际完成的工程量来计算，即按合同中的分部分项工程单价和实际工程量，计算得出工程结算和支付的工程总价格。采用这种合同时，要求实际完成的工程量与原估计的工程量不能有实质性的变更。因为承包方给出的单价是以相应的工程量为基础的，如果工程量大幅度增减可能影响工程成本。不过在实践中往往很难确定工程量究竟有多大范围的变更才算实质性变更，这是采用这种合同计价方式需要考虑的一个问题。有些固定单价合同规定，如果实际工程量与报价表中的工程量相差超过 ±10% 时，允许承包方调整合同价。此外，也有些固定单价合同在材料价格变动较大时，允许承包方调整单价。估算工程量单价合同大多用于工期长、技术复杂、实施过程中可能会发生各种不可预见因素较多的建设工程。

2）纯单价合同。采用这种计价方式的合同，发包方只向承包方给出发包工程的有关分部分项工程以及工程范围，不对工程量做任何规定。即在招标文件中仅给出工程内各个分部分项工程一览表、工程范围和必要的说明，而不必提供实物工程量。承包方在投标时只需要对这类给定范围的分部分项工程做出报价即可，合同实施过程中按实际完成的工程量进行结算。这种合同计价方式主要适用于没有施工图，或工程量不明却急需开工的紧迫工程，如设计单位来不及提供正式施工图，或虽有施工图但由于某些原因不能比较准确地计算工程量时。

2. 可调合同价格

可调价是指合同总价或者单价，在合同实施期内根据合同约定的办法调整，即在合同的实施过程中可以按照约定，随资源价格等因素的变化而调整的价格。

1）可调总价。可调总价合同的总价一般也是以设计图及规定、规范为基础，在报价及签约时，按招标文件的要求和当时的物价来计算合同总价。但合同总价是一个相对固定的价格，在合同执行过程中，由于通货膨胀而使所用的工料成本增加，可对合同总价进行相应的调整。可调总价合同的合同总价不变，只是在合同条款中增加调价条款，如果出现通货膨胀这一不可预见的费用因素，合同总价就可按约定的调价条款做相应调整。

可调总价适用于工程内容和技术经济指标规定很明确的项目，由于合同中列有调值条款，所以工期在一年以上的工程项目较适于采用这种合同计价方式。

2）可调单价。合同单价的可调，一般是在工程招标文件中规定、在合同中签订的单价，根据合同约定的条款，如在工程实施过程中物价发生变化等，可做调值。有的工程在招标或签约时，因某些不确定因素而在合同中暂定某些分部分项工程的单价，在工程结算时，再根据实际情况和合同约定对合同单价进行调整，确定实际结算单价。

3. 成本加酬金合同价格

成本加酬金合同是将工程项目的实际投资划分成直接成本费和承包方完成工作后应得酬金两部分。工程实施过程中发生的直接成本费由发包方实报实销，再按合同约定的方式另外支付给承包方相应报酬。

这种合同计价方式主要适用于工程内容及技术经济指标尚未全面确定，投标报价的依据尚不充分的情况下，发包方因工期要求紧迫，必须发包的工程；或者发包方与承包方之间有着高度的信任，承包方在某些方面具有独特的技术、特长或经验。由于在签订合同时，发包方提供不出可供承包方准确报价所必需的资料，报价缺乏依据，因此，在合同内只能商定酬金的计算方法。成本加酬金合同广泛地适用于工作范围很难确定的工程和在设计完成之前就开始施工的工程。

按照酬金的计算方式不同，成本加酬金合同又分为成本加固定酬金、成本加固定百分数酬金、成本加浮动酬金及目标成本加奖罚四种形式。

10.3.4 竣工结算价

1. 竣工结算价的编制方法

依据《建设工程工程量清单计价规范》GB 50500 的规定，发承包双方应依据国家有关法律、法规和标准的规定，按照合同约定确定最终工程造价。因此，工程竣工结算价的编制应是建立在施工合同的基础上，不同合同类型采用的编制方法应不同，常用的合同类型有单价合同、总价合同和成本加酬金合同三种方式。其中。总价合同和单价合同在工程量清单计价模式下经常使用，其竣工结算价的编制方法有两种。

（1）总价合同方式。采用总价合同的，应在合同价基础上对设计变更、工程洽商、暂估价以及工程索赔、工期奖罚等合同约定可以调整的内容进行调整。其竣工结算价的计算公式为：

$$竣工结算价 = 合同价 \pm 设计变更洽商 \pm 现场签证 \pm 暂估价调整 \pm$$
$$工程索赔 \pm 奖罚费用 \pm 价格调整 \qquad (10\text{-}1)$$

（2）单价合同方式。采用单价合同的，除对设计变更、工程洽商、暂估价以及工程索赔、工期奖罚等合同约定可以调整的内容进行调整外，还应对合同内的工程量进行调整。其竣工结算价的计算公式为：

$$竣工结算价 = 调整后合同价 \pm 设计变更洽商 \pm 现场签证 \pm 暂估价调整 \pm$$
$$工程索赔 \pm 奖罚费用 \pm 价格调整 \qquad (10\text{-}2)$$

合同内的分部分项工程量清单及措施项目工程量清单中的工程量应按招标图纸进行重新计算，在此基础上根据合同约定调整原合同价格，并计取规费和税金；单价合同中的其他项目调整同总价合同。

2. 竣工结算价编制的内容

根据《建设工程工程量清单计价规范》GB 50500 关于竣工结算的规定，采用工程量清单招标方式的工程，工程竣工结算价款的内容组成如图 10-4 所示。

具体包括：

（1）复核、计算分部分项工程的工程量，确定结算单价，计算分部分项工程结算价款。

（2）复核、计算措施项目工程量，确定结算单价，计算可计量工程量的措施项目结算价款，并汇总以总额计算的其他措施项目费，形成措施项目结算价款。

图 10-4　工程竣工结算价款的内容组成

（3）计算、确定其他项目的结算价款。

（4）汇总上述结算价款，按合同约定的计算基数与费率计算、调整规费；以同样的方式计算与调整税金。

（5）汇总上述各种结算金额，形成工程竣工结算价。

10.4　装饰装修工程定额计价

10.4.1　装饰装修工程定额概述

1. 装饰装修工程定额的概念

装饰装修工程定额是在一定的社会生产力发展水平条件下，完成装饰装修工程中的某项合格产品的资源消耗量与各种生产要素消耗之间特定的数量关系，属于生产消费定额性质。它反映了在一定的社会生产力水平条件下建筑装饰装修工程的施工管理和技术水平。

装饰装修工程预算定额是一种计价性的定额。在工程委托承包的情况下，它是确定工程造价的评分依据。在招标承包的情况下，它是计算标底和确定报价的主要依据。所以，预算定额在工程建设定额中占有很重要的地位。从编制程序看，施工定额是预算定额的编制基础，而预算定额则是概算定额和估算指标的编制基础。可以说预算定额在计价定额中是基础性定额。

2. 装饰装修工程定额的性质

（1）科学性。建筑装饰装修工程定额是装饰装修工程进入科学管理阶段的产物，它的科学性，首先表现在用科学的态度制定定额，尊重客观实际，定额水平合理；其次表现在制定定额的技术方法上，利用现代科学管理的成就，形成一套系统的、完整的、在实践中行之有效的方法；最后表现在定额制定和贯彻一体化上，制定是为了提供贯彻的依据，贯彻是为了实现管理的目标，也是对定额的信息反馈。

（2）指导性。随着我国建设市场的不断成熟和规范，建筑装饰装修工程定额尤其是统一定额原具备的法令性特点逐渐弱化，转而成为对整个建筑装饰装修市场和具体装饰装修产品交易的指导作用。建筑装饰装修工程定额的指导性的客观基础是定额的科学性，只有科学的定额才能正确地指导客观的交易行为。它的指导性体现在两个方面：一方面，建筑装饰装修工程定额作为国家各地区和行业颁布的指导性依据，可以规范装饰装修市场的交易行为，在具体的装饰装修产品定价过程中也可以起到相应的参考性作用，同时统一定额还可作为政府投资项目定价以及造价控制的重要依据；另一方面，在现行的工程量清单计价方式下，承包商报价的主要依据是企业定额，但企业定额的编制和完善仍然离不开统一定额的指导。

（3）统一性。装饰装修定额的统一性，主要由国家对经济发展的有计划的宏观调控职能决定。为了使国民经济按照既定的目标发展，就需要借助于某些标准、定额、参数等，对工程建设进行规划、组织、调节、控制。而这些标准、定额、参数必须在一定的范围内是统一的，才能实现上述职能，才能利用它对项目的决策、设计方案、投标报价、成本控制进行比选和评价。

（4）稳定性和时效性。工程建设定额中的任何一种都是一定时期技术发展和管理水平的反映，因而在一段时间内都表现出稳定的状态。稳定的时间有长有短，一般在5~10年。保持定额的稳定性是维护定额的权威性所必需的，更是有效地贯彻定额所必需的。如果某种定额处于经常的修改或变动之中，那么必然造成执行中的困难和混乱，使人们感到没有必要去认真对待它，很容易导致定额权威性的丧失。工程建设定额的不稳定也会给定额的编制工作带来极大的困难。工程建设定额的稳定性是相对的。当生产力向前发展了，定额就会与已经发展了的生产力不相适应。这样，定额原有的作用就会逐步减弱以至消失，需要重新编制或修订。

10.4.2　装饰装修工程预算定额组成与应用

将所有"定额项目劳动力计算表"和"定额项目材料及机械台班计算表"经分类整理后，过渡到规定的定额表上，加上编制说明、目录等内容，通过印刷，装订而成的定额称作定额册或定额本，简称为定额。

1. 装饰装修预算定额的组成

建筑工程预算定额的内容组成可划分为文字说明、定额项目表和定额附录三大部分。

（1）文字说明。

1）总说明。主要说明以下各项情况：

①定额的编制原则及依据。

②定额的适用范围及作用。

③定额中的"三项指标"（人工、材料、机械）的确定方法。

④定额运用必须遵守的原则及适用范围。

⑤定额中所采用的人工工资等级；材料规格、材质标准；允许换算的原则；机械类型、容量或性能等。

⑥定额中已考虑或未考虑的因素及处理方法。

⑦各分部分项工程定额的共性问题的有关统一规定及使用方法等。

2）分部工程说明。主要说明的内容如下：①该分部工程所包含的定额项目内容。②该分部工程定额项目包括与未包括的内容。③该分部工程定额允许增减系数范围的界定。④该分部工程应说明的其他有关问题等。

3）分节说明。分节说明是对该节所包括的工程内容、工作内容及使用有关问题的说明。

文字说明是定额正确使用的依据和原则，应用前必须仔细阅读，不然就会造成错套、漏套及重套定额。

（2）定额项目表。表明各分项或子项工程中人工、材料、机械台班耗用量及相应各项费用的表格称为定额项目表。定额项目表的内容组成如下：

1）定额"节"名称及定额项目名称。

2）定额项目的工作内容（即"分节说明"）。

3）定额项目的计量单位等。

（3）定额附录。为编制地区单位估价表或定额"基价"换算的方便，预算定额后边一般都编有附录。附录内容通常包括常用的施工机械台班预算价格、常用材料预算价格、混凝土及砂浆配合比表等。

2. 装饰装修工程预算定额的应用

（1）直接套用。定额的直接套用是指当工程项目（指工程子项）的内容和施工要求与定额（子）项目中规定的各种条件和要求完全一致时，就应直接套用定额中规定的人工、材料、机械台班的单位消耗量，直接套用定额基价，以求出实际装饰装修工程的人工、材料、机械台班数量和工程的货币价值量（常称复价或合价，或直接称为定额直接费）。

直接套用定额的选套步骤一般是：

1）查阅定额目录，确定工程所属分部分项。

2）按实际工程内容及条件，与定额子项对照，确认项目名称、做法，用料及规格是否一致，查找定额子项，确定定额编号。

3）查出基价及人、材、机消耗量。

4）计算项目直接费及工料机消耗量。

（2）换算后套用。若施工图设计的工程项目内容（包括构造、材料、做法等）与定额相应子目规定内容不完全符合时，如果定额规定允许换算或调整，则应在规定范围内进行换算或调整，套用换算后的定额子目，确定项目综合工日、材料消耗、机械台班用量和基价。

10.4.3　装饰装修工程预算定额的编制

1. 装饰装修工程预算定额的编制原则

（1）按平均水平确定预算定额的原则。建筑装饰装修工程预算定额是确定建筑装饰装修工程价格的主要依据。预算定额作为确定建筑装饰装修工程价格的工具，必须遵守价格的客观规律与要求。根据国家有关部门对建筑装饰装修工程定额编制规定的原则，定额水平应按照社会必要劳动量确定，即按产品生产过程中所消耗的社会必要劳动时间确定定额水平。预算定额的平均水平，是根据各省市、地区建筑业在现有平均的生产条件、平均劳动熟练程度、平均劳动强度下，完成单位建筑装饰装修工程量所需的时间来确定的。

（2）简明适用性的预算定额原则。建筑装饰装修工程预算定额的内容和形式，既要满足不同用途的需要，同时还要具有简单明了、适用性强、容易掌握和操作方便的相关特点。在使用预算定额计量单位时，还要考虑到简化工程的计算工作因素。同时，为了保证预算定额水平稳定，除了那些在设计和施工中允许换算的外，预算定额要尽量套用定额，既可减少换算工作量，也有利于保证预算定额的准确性。

（3）统一性和差别性相结合的预算定额原则。考虑到我国的基本建设实际情况，在建筑装饰装修工程预算定额方面采用的是由统一性和差别性相结合的预算定额原则。根据国家的基本建设方针政策和经济发展的要求，采取了统一制定预算定额的编制原则和方法组织预算定额的编制和修订，颁布有关政策性的法规和条例细则，颁布全国统一预算定额和费率标准等。在全国范围内统一基础定额的项目划分，统一定额名称、定额编号，统一人工、材料和机械台班消耗量的名称及计量单位等，这样，建筑装饰装修工程预算定额才具有统一计价的依据。

2. 装饰装修工程预算定额的编制依据

（1）有关建筑装饰装修工程预算定额资料。

1）建筑装饰装修工程施工定额。

2）现行的建筑工程预算定额（现行的建筑装饰装修工程预算定额）。

（2）有关建筑装饰装修工程设计资料。

1）国家或地区颁布的建筑装饰装修工程通用设计图集。

2）有关建筑装饰装修工程构件、产品的定型设计图集。

3）其他有代表性的建筑装饰装修工程设计资料。

（3）有关建筑装饰装修工程的政策法规和相关的文件资料。

1）现行的建筑安装工程施工验收规范。

2）现行的建筑安装工程质量评定标准。

3）现行的建筑安装工程操作规程。

4）现行的建筑工程施工验收规范。

5）现行的建筑装饰工程质量评定标准。

（4）有关建筑装饰装修工程的价格资料。

1）现行的人工工资标准资料。

2）现行的材料预算价格资料。

3）现行的有关设备配件等价格资料。

4）现行的施工机械台班预算价格资料。

3. 装饰装修工程预算定额的编制程序

装饰装修工程预算定额的编制内容与程序见表 10-1。

表 10-1　装饰装修工程预算定额的编制内容与程序

编制程序	准备工作阶段	成立编制小组
		收集编制资料
		拟订编制方案
		确定定额项目水平表现形式
	编制定额阶段	熟悉分析预算资料
		计算工作量
		确定人工、材料、机械
		计算定额计价
		编制定额项目表
		拟定文字说明
	审定定额阶段	测算新编定额水平审查
		审查、修改新编定额
		报请主管部门审批
		颁发执行新定额

10.5　定额基价中人工费、材料费及机械台班费的确定

10.5.1　定额基价中人工费的确定

人工费是指按工资总额构成规定，支付给从事建筑安装工程施工的生产工人和附属生产单位工人的各项费用。采用人工工日消耗量乘以人工工日单价的形式进行计算。

1. 人工消耗量

人工消耗量是完成一定计量单位分项（或子项）工程所有用工的数量。人工消耗量由基本用工、辅助用工、其他用工等组成。

（1）基本用工。基本用工是指完成单位合格产品所必须消耗的各种技术工种用工。按技术工种相应劳动定额工时定额计算，以不同工种列出定额工日。

（2）辅助用工。辅助用工是指技术工种劳动定额不包括而在预算定额内又必须考虑的工时，如材料需要在现场加工而耗用的人工、筛砂、淋灰等。

（3）其他用工。包括超运距用工和人工幅度差。

超运距用工是指在劳动定额中规定材料及半成品等的运距超过劳动定额规定的运距（超运距）而增加的用工。

人工幅度差是指在劳动定额中未包括而在正常施工情况下不可避免但又很难精确计算的用工和各种工时损失。例如，各工种之间的工序搭接及交叉作业相互配合或影响所发生的停歇用工；施工机械在单位工程之间转移及临时水电线路移动所造成的停工；质量检查和隐蔽工程验收工作的时间；班组操作地点转移用工；工序交接时后一工序对前一工序不可避免的修整用工；施工中不可避免的其他零星用工。其计算公式如下：

$$人工幅度差 = （基本用工 + 辅助用工 + 超运距用工）\times 人工幅度差系数 \qquad (10\text{-}3)$$

2. 人工工日单价的确定

人工工日单价以各地的造价管理机构发布的最新的人工单价指导标准为准。

10.5.2　定额基价中材料费的确定

材料费是指施工过程中耗费的原材料、辅助材料、构配件、零件、半成品或成品、工程设备的费用。采用材料消耗量乘以材料预算单价的形式进行计算。

1. 材料消耗量的确定

预算定额中的材料，按用途划分为四种：

（1）主要材料：是指直接构成工程实体的材料，其中包括成品、半成品的材料。

（2）辅助材料：是指构成工程实体除主要材料以外的其他材料，如垫木、钉子、钢丝等。

（3）周转性材料：是指脚手架、模板等多次周转使用的不构成工程实体的摊销性材料。

（4）其他材料：是指用量较少，难以计量的零星用量，如棉纱、编号用的油漆等。

材料消耗量的计算方法主要有：计算法、换算法、测定法等。

2. 材料预算单价的确定

（1）材料原价：是指材料、工程设备的出厂价格或商家供应价格。在预算定额中，材

料购买只有一种来源的，这种价格就是材料原价。材料的购买有几种来源的，按照不同来源加权平均后获得定额中的材料原价。其计算公式如下：

$$材料原价总值 = \Sigma(各次购买量 × 各次购买价) \qquad (10\text{-}4)$$
$$加权平均原价 = 材料原价总值 + 材料总量 \qquad (10\text{-}5)$$

（2）运杂费：是指材料、工程设备自来源地运至工地仓库或指定堆放地点所发生的全部费用。要了解运杂费，首先要了解材料预算价格所包含的内容。材料预算价格指的是从材料购买地开始一直到施工现场的集中堆放地或仓库之后出库的费用。材料原价只是材料的购买价，材料购买后需要装车运到施工现场，到现场之后需要卸下材料，堆放在某地点或仓库。从购买地到施工现场的费用为运输费，装车（上力）、卸下材料（下力）及运至集中地或仓库的费用为杂费。

（3）运输损耗费：是指材料在运输装卸过程中不可避免的损耗。

（4）采购及保管费：是指为组织采购、供应和保管材料、工程设备过程中所需要的各项费用，其包括采购费、仓储费、工地保管费、仓储损耗。

采购费与保管费是按照材料到库价格（材料原价 + 材料运杂费 + 运输损耗费）的费率进行计算的。

$$材料预算单价 = 材料原价 + 运杂费 + 运输损耗费 + 采购及保管费 \qquad (10\text{-}6)$$
$$材料预算单价 = (材料原价 + 运杂费) × (1 + 运输损耗率) × (1 + 采购保管费费率)$$
$$(10\text{-}7)$$

10.5.3　定额基价中机械台班费的确定

施工机具使用费是指施工作业所发生的施工机械、仪器仪表使用费或其租赁费。其包括施工机械使用费和仪器仪表使用费（用于安装工程）两部分。

1. 施工机械台班量的确定

（1）预算定额机械台班量。施工机械使用费以施工机械台班消耗量乘以施工机械台班单价表示。

预算定额中的机械台班消耗量的确定有两种方法，一种是以施工定额为基础确定；另一种是以现场测定资料为基础确定。

（2）停置台班量的确定。机械台班消耗量中已经考虑了施工中合理的机械停置时间和机械的技术中断时间，但特殊原因造成的机械停置，可以计算停置台班。台班量按实际停置的天数计算。

2. 施工机械台班单价的确定

（1）自有施工机械工作台班单价的取定。自有施工机械工作台班单价是根据施工机械台班定额来取定的。

（2）自有机械停置台班单价的取定。停置机械台班单价计算公式：

$$停置机械台班单价 = 机械折旧费 + 人工费 + 其他费用 \qquad (10\text{-}8)$$

（3）租赁施工机械工作台班单价的取定。租赁施工机械工作台班单价是根据租赁价来取定的。

第 11 章　建筑装饰装修工程造价软件的运用

11.1　广联达工程造价算量软件概述

随着建筑信息化的发展，工程造价软件电算化成为必然趋势，电算化的普及使熟练使用工程造价软件成为造价人员必备的专业技能之一。广联达软件包含安装算量、钢筋抽样软件、图形算量、计价软件等。其具有稳定性好、准确性高等特点，但其升级更新较快。

广联达软件在工程造价中的应用不仅使用简便，并且加快了概预算的编制速度，极大地提高了工作效率。

11.2　广联达工程造价算量软件算量原理

GCL2013 通过画图建立建筑物的算量模型，根据内置的计算规则实现自动扣减，从而让工程造价从业人员快速准确地进行算量、核量、对量工作。

广联达 BIM 图形算量软件 GCL2013 能够计算的工程量包括：土石方工程量、砌体工程量、混凝土及模板工程量、屋面工程量、天棚及其楼地面工程量、墙柱面工程量等。

此外，软件充分利用构件分层功能，在绘制相同属性的构件时，只需从其他楼层导入，就可实现各层的绘制，大大减少了绘制工作量。

广联达算量软件参照传统手工算量的基本原理，将手工算量的模式与方法内置到软件中，依据最新的平法图集规范，从而实现了算量工作的程序化，加快了造价人员的计算速度，提高了计算的准确度。

11.3　广联达工程造价算量软件操作流程

1. 新建工程

（1）双击图标，弹出界面。

（2）选择【新建向导】，在弹出的【新建工程：第一步，工程名称】中输入工程名称，选择相对应的清单和定额，单击【下一步】按钮；在【新建工程：第二步，工程信息】中输入相对应的工程信息，单击【下一步】按钮；在【新建工程：第三步，编制信息】中输入相对应的编制信息，单击【下一步】按钮；在【新建工程；第四步，完成】中核对相应信息，确认无误后单击【完成】按钮，进入软件操作界面。

2. 工程设置

（1）进入软件操作界面后，界面处在【工程设置】下的【楼层设置】，单击【插入楼层】按钮，进行楼层添加。

（2）在各楼层中输入层高。

提示：没有地下室时，选中首层进行插入楼层；有地下室时，选中基础层再进行插入楼层。

（3）在左侧模块导航栏【工程设置】中单击【计算设置】，在右侧操作区域对需要的选项进行修改。

（4）在左侧模块导航栏【工程设置】中单击【绘图输入】，单击【轴线】下的【轴网】选项，单击【新建】｜【新建正交轴网】，定义其上下开间和左右进深，按回车，在绘图区域生成轴网。

（5）在左侧模块导航栏中根据需要对【墙】、【门窗洞】、【柱】、【梁】、【板】、【楼梯】、【装修】、【土方】、【基础】、【其他】、【自定义】进行新建和绘图。单击【新建】按钮，新建完成后单击【绘图】按钮，绘图完成后进行清单定额的套取，单击【定义】按钮，选择【查询清单库】，找到对应的清单，双击。选择【查询定额库】，找到对应的定额，双击，若在计价软件中套取定额，则该操作可以省略。

（6）在清单定额套取完成后，单击【汇总计算】按钮，在弹出的【确定执行计算汇总】中勾选需要汇总的选项，如需全部汇总，单击【全选 A】按钮，点击【确定】。

（7）汇总计算完成后，单击【报表预览】按钮，可以直接打印或者导出电子表。

3. 装饰装修操作流程

房间的装饰装修主要包括楼地面、踢脚线、墙裙、墙面、天棚、吊顶、独立柱装修、单梁装修及房心回填（首层）。

在软件中单击【装修】选项，出现如图 11-1 所示界面，单击【房间】选项，单击【新建】

图 11-1　装修选项示意图

新建房间，然后单击【绘图】进行绘图输入，在房间装修中根据需要对房间内的装修进行定义、新建和绘图。如房间中的楼地面，单击【楼地面】选项，单击【新建】新建楼地面，新建完成后单击【绘图】进行绘图输入。若有其他装修项目，依次进行【新建】、【绘图】。

绘图完成后，单击【房间】，对新建的装饰项目进行添加依附构件，如图 11-2 所示。把所有新建项目添加到房间里即可。

注意：墙裙、墙面有内外之分；房心回填只在首层。

图 11-2　添加依附构件

添加依附构件完成后，单击进行过的选项，选择【查询清单库】，找到对应的清单，双击。选择【查询定额库】，找到对应的定额，双击，若在计价软件中套取定额，那么该操作可以省略。如图 11-3 所示。

图 11-3　查询清单、定额库